Kalid Hassen Yasin

Mapeamento de Adjudicação de Terrenos Urbanos e Codificação de Parcelas: Um guia prático

Kalid Hassen Yasin

Mapeamento de Adjudicação de Terrenos Urbanos e Codificação de Parcelas: Um guia prático

Terrenos urbanos da Etiópia: Manual de Adjudicação e Codificação de Parcelas

ScienciaScripts

Imprint
Any brand names and product names mentioned in this book are subject to trademark, brand or patent protection and are trademarks or registered trademarks of their respective holders. The use of brand names, product names, common names, trade names, product descriptions etc. even without a particular marking in this work is in no way to be construed to mean that such names may be regarded as unrestricted in respect of trademark and brand protection legislation and could thus be used by anyone.

Cover image: www.ingimage.com

This book is a translation from the original published under ISBN 978-620-7-65005-7.

Publisher:
Sciencia Scripts
is a trademark of
Dodo Books Indian Ocean Ltd. and OmniScriptum S.R.L publishing group

120 High Road, East Finchley, London, N2 9ED, United Kingdom
Str. Armeneasca 28/1, office 1, Chisinau MD-2012, Republic of Moldova, Europe
Printed at: see last page
ISBN: 978-620-7-90997-1

Terrenos urbanos Mapeamento de Adjudicação e Codificação de Parcelas: A Guia prático

Kalid Hassen Yasin

INTRODUÇÃO

As áreas urbanas estão a sofrer uma expansão sem precedentes, necessitando de estratégias eficazes para a gestão dos recursos fundiários. Parte integrante deste esforço são os processos de adjudicação de terrenos urbanos e de codificação de parcelas, que promovem uma gestão transparente, eficiente e equitativa dos terrenos num contexto de rápido crescimento urbano. O mapa de adjudicação desempenha um papel fundamental na adjudicação da propriedade do solo urbano, delimitando unidades de fronteira - tais como sectores, bairros e quarteirões - no mapa de base cadastral e atribuindo códigos a parcelas, estradas, zonas verdes e rios. Este mapa, elaborado em conformidade com os quadros e as normas jurídicas, garante uma identificação inequívoca dos limites, tanto no terreno como no mapa de base cadastral.

"Urban Land Adjudication Mapping and Parcel Coding: A Practical Guide" foi concebido para capacitar os planeadores urbanos, os decisores políticos e as partes interessadas com os conhecimentos e ferramentas essenciais necessários para navegar nas complexidades da governação do solo urbano. Este livro examina exaustivamente os aspectos multifacetados envolvidos na adjudicação de terrenos e na codificação de parcelas, recorrendo a conhecimentos práticos de experiências reais e estudos de casos.

O guia defende abordagens holísticas para o desenvolvimento urbano, enfatizando a interconexão de iniciativas legais, tecnológicas e comunitárias. Quer se trate de um urbanista experiente ou de um novato no domínio da governação do território, este recurso oferece informações valiosas e recomendações práticas para navegar na paisagem dinâmica da urbanização.

O tratamento de dados espaciais depara-se frequentemente com desafios devido a problemas de integridade dos dados e à ausência de normas aceitáveis. A adesão à norma de trabalho etíope n.º 03/2015 e ao manual n.º 26/2016 para a cartografia e o levantamento cadastral é crucial para enfrentar estes desafios. Estas directrizes facilitam os trabalhos de demarcação e adjudicação e permitem o fornecimento de mapas de índice a nível de bairro adaptados a demarcações específicas. O manual derivado destas normas é uma referência abrangente para estagiários e profissionais envolvidos no mapeamento e levantamento cadastral.

Este recurso ensina a demarcar e mapear sectores e bairros de adjudicação em conformidade com os quadros legais, orientando o processo de atribuição do código de identificação único. Oferece procedimentos técnicos para a elaboração de mapas e dados de adjudicação de terrenos urbanos, facilitando o desenvolvimento de uma base de dados de cadastro.

O manual apresenta um procedimento prático, passo a passo, desde o desenvolvimento de uma base de dados cadastral até à impressão de mapas, com imagens ilustrativas que destacam os passos principais. O seu objetivo é facilitar a utilização e a compreensão, apoiando o desenvolvimento de bases de dados cadastrais para efeitos de adjudicação de terras.

Para maior comodidade, o manual inclui informações de contacto para assistência adicional, realçando a sua natureza de fácil utilização e acessibilidade.

Kalidh84@gmail.com

kalidh84@yahoo.com

Kalid.hassen@haramaya.edu.et

Kalid Hassen, Universidade de Haramaya

PARTE

I

Capítulo 1

Introdução à Adjudicação de Terrenos Urbanos

A adjudicação de terrenos urbanos é um processo crítico no planeamento urbano que visa clarificar os direitos de propriedade e de utilização para garantir o desenvolvimento sustentável e reduzir os litígios. Este capítulo explora o contexto histórico e o significado contemporâneo da adjudicação de terras, destacando o seu papel na promoção de uma governação transparente da terra e no apoio à estabilidade socioeconómica nas áreas urbanas.

1.1 Evolução histórica da adjudicação de terrenos urbanos

O conceito de adjudicação de terras remonta a séculos, tendo evoluído a par do crescimento das cidades e da necessidade de gerir eficazmente os direitos fundiários. Historicamente, a rápida urbanização conduziu frequentemente a povoações informais e a sistemas de posse de terra pouco claros, resultando em disputas e ineficiências na utilização da terra. As primeiras civilizações desenvolveram formas rudimentares de adjudicação de terras para estabelecer a propriedade e resolver conflitos em centros urbanos em expansão.

As sociedades antigas, como os mesopotâmicos e os romanos, utilizavam sistemas básicos de registo de terras para manter a ordem e facilitar a tributação. Com o passar do tempo, os métodos sedimentares evoluíram para práticas mais sofisticadas de gestão da terra, particularmente durante períodos de expansão urbana significativa, como a era medieval na Europa e o início do período moderno na Ásia.

1.2 Importância atual da adjudicação de terrenos urbanos

No contexto atual, a adjudicação de terrenos urbanos é fundamental para resolver questões complexas relacionadas com a posse da terra, exacerbadas pela rápida urbanização e pelo crescimento demográfico. Em muitas regiões em desenvolvimento, as povoações informais e os direitos de propriedade pouco claros colocam desafios significativos ao desenvolvimento urbano sustentável. As iniciativas de adjudicação de terras visam formalizar a propriedade da terra, clarificar os direitos de utilização e estabelecer um registo de terras abrangente para apoiar o desenvolvimento económico e o planeamento de infra-estruturas.

1.3 Principais objectivos da adjudicação de terrenos urbanos

- **Reforço da segurança da posse da terra**: Ao formalizar os direitos à terra, os processos de adjudicação proporcionam reconhecimento legal e proteção aos habitantes urbanos, promovendo a estabilidade e incentivando o investimento em habitação e infra-estruturas.

- **Apoio a uma utilização eficiente do solo:** A propriedade clara da terra encoraja a gestão responsável da terra e apoia um planeamento optimizado da utilização da terra, facilitando a afetação de recursos a equipamentos e serviços públicos.

- **Redução dos conflitos fundiários**: A adjudicação ajuda a resolver disputas sobre a propriedade e o uso da terra, reduzindo os conflitos legais e promovendo a coesão social nas comunidades urbanas.

- **Promoção do desenvolvimento inclusivo**: Uma governação fundiária transparente capacita os grupos marginalizados, tais como os colonos informais e as populações vulneráveis, assegurando um acesso equitativo aos recursos fundiários e aos serviços essenciais.

1.4 Abordagens contemporâneas da adjudicação de terrenos urbanos

As estratégias modernas de adjudicação de terras urbanas tiram partido das inovações tecnológicas, dos quadros jurídicos e da participação da comunidade para aumentar a eficiência e a transparência. Os Sistemas de Informação Geográfica (SIG) e as imagens de satélite permitem um mapeamento preciso das parcelas, enquanto as reformas legais estabelecem orientações explícitas para o registo de terras e a resolução de litígios. Além disso, o envolvimento inclusivo das partes interessadas garante que os processos de adjudicação de terrenos urbanos reflectem as diversas necessidades e prioridades das comunidades locais.

Em resumo, a introdução da adjudicação de terrenos urbanos é fundamental para abordar as complexidades da urbanização, oferecendo um quadro para uma governação equitativa da terra e um desenvolvimento urbano sustentável. Os capítulos seguintes deste livro irão aprofundar os aspectos técnicos, legais e socioeconómicos do mapeamento e codificação de parcelas, fornecendo conhecimentos práticos e melhores práticas para profissionais e decisores políticos.

Capítulo 2

Compreender as técnicas de mapeamento de parcelas

O mapeamento de parcelas é uma componente fundamental da adjudicação de terras urbanas, permitindo a delimitação exacta e a documentação de parcelas de terra em áreas urbanas. Este capítulo explora os princípios da cartografia de parcelas, destacando as principais técnicas e tecnologias utilizadas para criar mapas cadastrais fiáveis, essenciais para uma governação fundiária eficaz no contexto etíope.

2.1 Princípios do mapeamento de parcelas

A cartografia de parcelas envolve a identificação, medição e representação sistemática de parcelas de terreno individuais em mapas ou bases de dados digitais. O processo começa com levantamentos no terreno para estabelecer linhas de fronteira e recolher dados cadastrais essenciais, incluindo as dimensões das parcelas, informação sobre a propriedade e classificações de uso do solo.

Componentes críticos do mapeamento de parcelas:

1. **Levantamentos de limites**: Os topógrafos profissionais utilizam equipamento de topografia avançado, como estações totais e receptores GPS, para demarcar com precisão os limites da propriedade com base em descrições legais e marcos físicos.

2. **Recolha de dados**: As equipas no terreno recolhem dados de atributos para cada parcela, incluindo identificadores de parcelas, detalhes de propriedade, tipos de uso do solo e documentação legal relevante.

3. **Análise espacial**: O software GIS integra dados de parcelas com camadas espaciais, permitindo a análise espacial e a visualização de parcelas de terreno em contextos urbanos mais alargados.

2.2 Tecnologias para o mapeamento de parcelas

Os avanços tecnológicos revolucionaram os processos de mapeamento de parcelas, aumentando a precisão e a eficiência na adjudicação de terrenos urbanos. As técnicas modernas de mapeamento de parcelas aproveitam:

Deteção remota: As imagens de satélite e a fotografia aérea fornecem uma cobertura abrangente das áreas urbanas, permitindo a identificação e o mapeamento de parcelas de terra a partir de uma vista aérea.

Sistemas móveis de cartografia: As plataformas GIS móveis com dispositivos com GPS simplificam a recolha de dados no terreno, permitindo que os topógrafos actualizem a informação das parcelas em tempo real.

Software CAD (Computer-Aided Design): As ferramentas CAD permitem o desenho digital e a visualização de mapas cadastrais, apoiando a gestão eficiente de dados e a interoperabilidade.

2.3 Integração com os Sistemas de Informação Territorial (SIL)

O mapeamento eficaz de parcelas é essencial para o desenvolvimento de Sistemas de Informação Territorial (LIS) abrangentes, que servem como repositórios centralizados de dados relacionados com a terra. As plataformas LIS integram mapas de parcelas com registos de impostos sobre a propriedade, regulamentos de zonamento e planos de infra-estruturas, proporcionando aos decisores uma visão holística dos padrões de utilização e desenvolvimento do solo urbano.

2.3.1 Benefícios do LIS integrado

Melhoria do processo de tomada de decisões: As plataformas LIS facilitam a tomada de decisões com base em provas, consolidando diversos conjuntos de dados e permitindo a análise espacial.

Administração simplificada: A cartografia integrada das parcelas simplifica os processos administrativos, como a tributação da propriedade, o registo predial e o planeamento urbano.

Melhoria da transparência: Os dados acessíveis sobre as parcelas promovem a transparência e a responsabilização na governação fundiária, fomentando a confiança e a participação do público nas iniciativas de desenvolvimento urbano.

2.4 Directrizes para o mapeamento das parcelas no contexto etíope

2.4.1 Preparação do mapa de base do cadastro

2.4.1.1 Fontes de dados

As seguintes fontes de dados só devem ser utilizadas para preparar um mapa de base cadastral.

A. Fonte de dados espaciais

A componente espacial (mapa de parcelas) dos dados deve ser obtida utilizando as seguintes técnicas -

1. Levantamento do solo
2. Fotografia aérea

3. Imagens de satélite de alta resolução (consultar o artigo 37.º, n.º 6, da Diretiva relativa ao levantamento cadastral urbano)

B. Fonte de dados não espaciais

As informações não espaciais (descritivas) devem ser obtidas a partir de

1. Documentos legais existentes
2. Observação no terreno

C. Outras fontes de dados

Os dados seguintes podem igualmente contribuir para a elaboração de mapas cadastrais:

3. Plano de desenvolvimento local (PDL)
4. Planos de inquérito
5. Mapas de base existentes

2.4.1.2 Extração de características

1. Quando a ortofoto é utilizada como fonte de dados na preparação de mapas cadastrais, o método de extração de características utiliza principalmente uma técnica fotogramétrica (método de compilação estéreo). Mas como opção, a digitalização em ecrã/head-up pode também ser utilizada, desde que a escala de captura seja mantida constante à escala de 1:500 para uma saída à escala 1:2000.

2. Ao digitalizar os limites de uma parcela a partir de uma fotografia aérea, deve ser utilizada a linha central de um limite/cerca sempre que a partilha for entre dois terrenos privados adjacentes de uma parcela. Por outro lado, sempre que os limites são partilhados com uma estrada e um terreno público aberto ou uma servidão, deve ser utilizada a parte exterior do contorno do limite/da vedação.

3. A conformação do limite do campo é obrigatória para cada limite de parcela após a digitalização no ecrã.

4. O vértice só deve estar disponível nos pontos de canto do limite de uma parcela, onde muda de direção. Evite vértices desnecessários durante a digitalização.

5. Cada limite de parcela deve ser um polígono fechado.

6. Um mapa de parcelas, incluindo estradas, cursos de água, ravinas, colinas e áreas de bolso, deve cobrir toda a área de uma cidade/área de projeto. Assim, a área agregada de cada parcela de uma cidade deve ser igual à área total dessa cidade.

2.4.2 Análise espacial

2.4.2.1   Sistema de Datum e Projeção Cartográfica

Com base na norma nacional adoptada pelo Instituto de Ciências Espaciais e Geoespaciais da Etiópia (SSGI), as coordenadas da antiga EMA são calculadas em referência à grelha de projeção UTM e às zonas 36, 37 ou 38, consoante a localização geográfica.

1. Projeção - Universal Transversa de Mercator
2. Esferoide/Elipsoide de referência - Clarke1880 modificado
3. Datum geodésico local - Adindan
4. Unidade - Medidor

2.4.2.2   Parâmetros de projeção

1. Zona de grelha UTM - 36, 37, 38, consoante a localização geográfica
2. Meridiano Central - 33°E para a zona 36; 39°E para a zona 37; e 45°E para a zona 38
3. Falso leste - 500.000 m E
4. Falso Norte - 0 m N
5. Fator de escala - 0,9996

2.4.2.3   Parâmetros de transformação de coordenadas e sistema de coordenadas

Os parâmetros de transformação do datum fornecidos pelos SSGI devem ser utilizados para transformar as coordenadas geodésicas do WGS84 no datum geodésico Adindan. Nas actividades de levantamento cadastral e cartografia, as coordenadas transformadas devem ser indicadas no sistema de coordenadas cartesianas;

- Os parâmetros a utilizar são os seguintes: -
  1. Semi-eixo maior (a): 6378249,145 metros
  2. Eixo semi-menor (b): 6356514.9667 metros
  3. Achatamento elipsoidal (f):1/293.466307656
- Os parâmetros de transformação translacional são: -
  1. $\Delta x = -162$
  2. $\Delta y = -12$
  3. $\Delta z = 206$

2.4.2.4   Escala e exatidão da carta de base cadastral

A. Escala

A carta de base do cadastro para as zonas urbanas deve ser produzida à escala de 1:2.000, independentemente dos métodos (fotografia aérea ou levantamento terrestre) utilizados para a sua elaboração. No entanto, a escala de recolha de dados pode ser superior a 1:2.000.

B. Exatidão

O nível de exatidão exigido para um mapa cadastral depende das fontes de dados. Os mapas cadastrais elaborados a partir de técnicas de levantamento terrestre devem ser mais exactos do que as fotografias aéreas. Abaixo estão os níveis de exatidão que devem ser alcançados com ambas as técnicas:

1. A partir do levantamento topográfico - a tolerância posicional não deve ser superior a 20mm + 50ppm.

2. De fotografia aérea-
   a) A precisão horizontal em RMSE não deve exceder o tamanho de dois pixéis da distância da amostra de solo (em x e y).

   b) A precisão vertical em RMSE não deve exceder o tamanho de três pixéis da distância da amostra de solo (em z).

Independentemente do método, a precisão posicional do resultado final não deve exceder 40 cm à escala de 1:2000.

2.4.3 *Mapas de cadastro e conteúdo de dados não espaciais*

Os mapas de base do cadastro devem estar ligados à rede geodésica e conter os seguintes elementos

1. Limites administrativos,
2. A localização das principais características naturais e artificiais, tais como estradas, recursos hídricos, linhas de cobertura, elevação, etc...,
3. Limites da parcela,
4. Pegadas de edifícios,
5. Pontos de controlo de levantamento permanente,
6. A escala do mapa de base cadastral,
7. Norte,
8. Legenda do mapa,
9. Autor do mapa,
10. A data de elaboração do mapa,
11. Projeção do mapa,

12. Título

2.4.4 *Conteúdo do mapa de índice cadastral*

O mapa do índice cadastral deve incluir: -

1. Devem ser indicados os limites dos quarteirões e dos bairros de adjudicação de propriedades.

2. As dimensões das áreas das unidades cadastrais mais exactas do que as do mapa cadastral podem ser encontradas nos documentos de levantamento e no terreno,

3. A escala do mapa do índice cadastral não é inferior a 1:2000,

4. O tamanho do papel para imprimir o mapa do índice cadastral deve ser A1, A2 e A3

5. Outras informações básicas sobre o mapa (informações marginais), incluindo o número do mapa, a data de elaboração do mapa, o código do bloco, a escala do mapa, a legenda do mapa, a seta para norte, a chave do mapa ou a ligação a mapas adjacentes, o número da folha do mapa, a declaração de exoneração de responsabilidade e informações sobre o produtor.

2.4.5 *Conteúdo da carta cadastral*

A cartografia cadastral é elaborada após a adjudicação da parcela e a delimitação dos limites, tal como consta de uma proclamação que prevê o registo da propriedade fundiária urbana. O artigo 7.º inclui os seguintes elementos de base: -

1. Limites administrativos,

2. Limites de blocos e respetivo código,

3. Limites de todas as parcelas adjudicadas,

4. Código Único de Identificação de Parcelas (UPIC),

5. Dimensões e áreas das parcelas,

6. Sistema de projeção de dados,

7. Limites e nomes de subdivisões administrativas, tais como cidade/vilas, Woreda, sector e bairro,

8. Localizações e nomes de ruas, auto-estradas, becos, caminhos-de-ferro, rios, lagos e outras características geográficas,

9. Outras informações básicas sobre o mapa (informações marginais), incluindo o número do mapa, a data de elaboração do mapa, o bloco, a escala do mapa, a legenda do mapa, a seta para norte, a chave do mapa ou a ligação a mapas

adjacentes, o número da folha do mapa, a declaração de exoneração de responsabilidade, informações sobre o produtor

a) Em geral, um mapa cadastral deve indicar os respectivos limites administrativos, os mapas de índice cadastral e os limites e coordenadas das parcelas.

b) Quando necessário, é também possível incluir as seguintes informações suplementares.

10. Informação suplementar

a) Números de ruas

b) Listagem das coordenadas da rede de monumentos

Em conclusão, as técnicas de mapeamento de parcelas são ferramentas indispensáveis para os planeadores urbanos e administradores de terras, permitindo uma adjudicação precisa das terras e apoiando o desenvolvimento urbano sustentável. Os próximos capítulos irão aprofundar os quadros jurídicos, as inovações tecnológicas e as estratégias de envolvimento da comunidade essenciais para iniciativas bem sucedidas de cartografia da adjudicação de terrenos urbanos e de codificação de parcelas.

Capítulo 3

Quadros jurídicos na gestão do solo urbano

A adjudicação eficaz de terrenos urbanos requer quadros jurídicos sólidos que estabeleçam directrizes claras para os direitos de propriedade, o registo de terras e a resolução de litígios. Este capítulo examina os fundamentos jurídicos essenciais para uma gestão equitativa e transparente do solo urbano.

3.1 Importância dos quadros jurídicos

Os quadros jurídicos fornecem a base regulamentar para a governação do solo urbano, assegurando que os direitos de propriedade são definidos, reconhecidos e protegidos pela lei. Quadros jurídicos bem definidos estabelecem segurança e previsibilidade nas transacções de terrenos, promovendo a confiança dos investidores e apoiando o desenvolvimento urbano sustentável.

Componentes-chave dos quadros jurídicos do solo urbano:

1. **Definição de direitos de propriedade**: As leis definem o âmbito e a natureza dos direitos de propriedade, especificando a propriedade, os direitos de utilização e as responsabilidades associadas às parcelas de terra.

2. **Registo de terras**: Os sistemas formais de registo de terras estabelecem registos oficiais de propriedade, facilitando as transacções de terras e minimizando os litígios sobre a posse de terras.

3. **Mecanismos de resolução de litígios**: Os quadros jurídicos incluem mecanismos para a resolução de litígios relacionados com a terra através de tribunais, tribunais ou métodos alternativos de resolução de litígios.

4. **Regulamentos de zonamento e de utilização dos solos**: As leis de zonamento e os regulamentos de utilização dos solos orientam o planeamento e o desenvolvimento espacial, equilibrando os interesses económicos com considerações ambientais e sociais.

3.2 Instrumentos jurídicos internacionais

As iniciativas globais e os acordos internacionais desempenham um papel fundamental na definição da governação do solo urbano e na promoção das melhores práticas de adjudicação de terras. Os principais instrumentos jurídicos internacionais incluem:

- **Objectivos de Desenvolvimento Sustentável (ODS) das Nações Unidas:** O ODS 11 enfatiza a importância de cidades inclusivas, seguras, resilientes e sustentáveis, destacando a necessidade de uma gestão eficaz do solo urbano.

- **Directrizes Voluntárias sobre a Governação Responsável da Posse da Terra (VGGT):** Desenvolvidas pela Organização das Nações Unidas para a Alimentação e a Agricultura (FAO), as VGGT orientam o reforço da segurança da posse da terra e a promoção do acesso equitativo aos recursos fundiários.

- **Agenda Habitat**: Adoptada durante a Conferência das Nações Unidas sobre Assentamentos Humanos (Habitat II), a Agenda Habitat define os princípios para o desenvolvimento urbano sustentável, dando ênfase à segurança da posse da terra e à habitação a preços acessíveis.

3.3 Quadro jurídico no contexto etíope

3.3.1 proclamação nº 818/ artigo (8)

- Cada parcela deve ter uma UPIC elaborada de acordo com a norma nacional. Não pode ser duplicada noutra parcela de qualquer centro urbano

- Não pode ser utilizado para identificar uma parcela qualquer código único de identificação de parcelas que não seja o código aplicado em conformidade com a norma nacional

3.3.2 Artigo 35.º do Regulamento (CE) n.º 323/2014

- Mapa de índice de parcelas e UPIC

- A UPIC deve estar em conformidade com o código das parcelas rurais

- O mapa de índice de parcelas deve ser elaborado incluindo
  o Medida.
  o código,
  o escala,
  o dados e a nota de campo de referência.

3.3.3 Diretiva 61/2018 Artigo 15.

- □□□□ □ □□□ □ □□□ □□□□□□ □□□□ □□□ □□□ □□ □□□ □□ □□□□□□□ □□□□ □□□□ □□□□□ □□□ □□□□□□□ □ 200 □□□□□ □□□□ □□□ □□□□ □□□ □□□ □□□ □□□□□□ □

- □□□ □□□□ □ 200 □□□□□ □□□ □□□ □□□□ □□□ □□□□□□ □□□□

□□□□□ □□□ □□□□□ □□ □□□ □□□□ □□□ □□□ □ □□□ □□□□ □□
□□□□ □□□□□□□□ □□□□□ □ □□□□ □ □□□□ □□ □□□ □□□□□
□□□□□□ □□□ □□□□ □□

3.3.4 □□□□ □□□ 44/2007 (□□□□ 41)

- □□□□ □□□ □□ □□□ □□ □□□□□□□ □□□ □□□ □□□□□□□ □□□□
  □□□□ □□□□□ □□□ □□□□ □□□□ □□

- □□□□ □□□ □□ □□□ □□ □□□□ □□ □□□□□□□□ □□□ □□□ □□□□
  □□□□ □□ □□□□□□ □□ □□ □□□□□ □□□□ □□ □□□□ □□□□□ □□
  □□□□ □□□ □□□ □□□□ □□□□ □□□□ □□□ □□ □□□ □□ □□□□ □□□□
  □□□□□ □□ □□□□□□□ □□□ □□□□□ □□□ □□□□□□ □□□□□□
  □□□□ □□□ □□□□ □□□ □□ □□□ □□ □□□□ □□□□ □□

3.3.5 Norma 16/2011 10.1 (6)

- □□□□ □□□□□ □□□ □□□□□ □ □□□□ □□□□ □□□□ □□□□ □□□□□
  □□□ □□□ □□ □□□□□ □ □□□□ □ □□ □□□□ □ □□□□□□ □□□□ □
  □□□ □□□□□ □□□□□ □□□□□□□ □□□□□□□□□□ □□□□ □□□□□□
  □□□ □□□□□□□ □□□□ □□□□□ □□□□ □□□□ □□

- □□□ □□□□□□ □□□□ □□□□□ □□□ □□□ □□□□ □ □□□ □ □□□ □□□□
  □ □□□□ □□□□ □□□□ □□□□□□ □□ □□□ □□ □□□□□□ □□□□ □□□□
  □□□□□ □□□ □□□□ □□□ □□□□□ □□□□ □□□□□□□ □□□□□□ □□□

Em resumo, os enquadramentos legais constituem a pedra angular da adjudicação de terras urbanas, fornecendo a segurança jurídica e o apoio institucional necessários para uma governação eficaz da terra. Os capítulos seguintes explorarão as técnicas de normalização dos dados e as directrizes de codificação das parcelas.

Capítulo 4

Importância da normalização de dados no ParcelCoding

A normalização de dados é um aspeto crítico da codificação de parcelas, assegurando a consistência, interoperabilidade e fiabilidade dos sistemas de informação fundiária. Este capítulo analisa a importância da normalização de dados na cartografia de adjudicação de terrenos urbanos e na codificação de parcelas, destacando o seu papel na melhoria da qualidade dos dados e facilitando a tomada de decisões informadas.

4.1 A necessidade de normalização dos dados

A codificação de parcelas envolve a atribuição de identificadores e atributos únicos a parcelas individuais de terreno em áreas urbanas. A normalização dos dados é essencial para garantir que a informação das parcelas é estruturada de forma uniforme e compatível em diferentes plataformas e sistemas. Sem dados normalizados, os processos de gestão do solo urbano podem ser prejudicados por inconsistências, duplicação de esforços e análises incorrectas.

Benefícios da normalização de dados na codificação de encomendas:

1. **Interoperabilidade**: Os formatos de dados normalizados permitem a integração e o intercâmbio de informações sobre as parcelas entre as partes interessadas, promovendo a colaboração e a partilha de dados.

2. **Garantia de qualidade**: Normas de dados consistentes melhoram a exatidão e a fiabilidade dos dados, aumentando a credibilidade dos sistemas de informação fundiária para os decisores e as partes interessadas.

3. **Eficiência e custo-eficácia**: Os dados normalizados reduzem as redundâncias na recolha e processamento de dados, optimizando a atribuição de recursos e a implementação de projectos.

4. **Manutenção de dados a longo prazo**: Normas de dados bem documentadas facilitam a manutenção e atualização dos dados a longo prazo, assegurando a sustentabilidade dos sistemas de informação sobre o solo urbano.

4.2 Elementos-chave da normalização dos dados das parcelas

A normalização eficaz dos dados das parcelas engloba vários elementos destinados a harmonizar os atributos e formatos dos dados em diversas aplicações. Os principais elementos incluem:

1. **Código Identificador Único de Parcelas (UPIC):** Atribuição de identificadores únicos (por exemplo, números de parcelas, códigos) a cada parcela de terreno para facilitar a referência e a recuperação sem ambiguidades.

2. **Definições de atributos:** Estabelecer definições padronizadas para os atributos das parcelas (por exemplo, detalhes de propriedade, classificações de uso do solo) para garantir a consistência na interpretação dos dados.

3. **Formatos e estruturas de dados**: Adoção de formatos de dados comuns (e esquemas de bases de dados para facilitar o intercâmbio de dados e a interoperabilidade entre sistemas diferentes).

4. **Normas de metadados**: Definição de normas de metadados (por exemplo, dicionários de dados, dicionários de dados e dicionários de dados) para facilitar a descoberta e a compreensão dos dados.

4.3 Atribuição de Upic para unidades de adjudicação no contexto etíope

o código único de identificação da parcela conterá diferentes níveis de unidades administrativas (região, cidade, a unidade administrativa inferior da cidade e as divisões de adjudicação recentemente criadas (sector, bairro, blocos e parcelas)

4.3.1 Regiões

Códigos de regiãotomam as duas letras alfabéticas do nome da região.

- As regiões devem ter o seguinte código: -

1. Adis Abeba = AA
2. Governo Regional de Afar = AF
3. Governo Regional de Amhara = AM
4. Governo Regional de Benishangul Gumuz = BG
5. Administração da cidade de Dire Dawa= DD
6. Governo Regional da Etiópia-Somália= SO
7. Governo Regional de Gambela = GA
8. Governo Regional de Harrari = HR
9. Governo Regional de Oromiya = OR
10. RegiãoGoverno das Nações, Nacionalidades e Povos do Sul = SN

11. Governo Regional de Tigray = TG

12. Governo Regional de Sidama = SD

4.3.2 Cidades e municípios

A agência regional pode seguir os seguintes passos para atribuir códigos de cidade com base na localização geográfica:

Etapas para a atribuição do código da cidade:

1. Enumerar todas as cidades da Região com a sua localização espacial

2. Sobrepor o limite administrativo das cidades ao limite administrativo da Região.

3. Atribuir códigos numéricos de três dígitos (001,002,003 ...)

4. Atribuir todas as vilas/cidades a partir da cidade noroeste para a cidade sudoeste, em serpentina ou no sentido dos ponteiros do relógio.

   - **Nota**. Sempre que surja uma nova cidade na Região após a atribuição do código estar concluída e em uso, a nova cidade receberá o número seguinte ao último código de cidade atribuído na Região.

   - **Exceção**: As regiões com cidades/vilas consecutivas existentes com os códigos da região podem ser consideradas tal como estão.

Quando utilizar os sentidos serpentino e horário na atribuição dos códigos de cidade?

A. Caminho da serpentina

1. Quando é que a estrutura da cidade/bairro (povoação) deve ser considerada de forma compacta

2. Quando a povoação da cidade é complexa/irregular.

   - **Nota**: esta forma de codificação é aplicada à cidade/bairro, unidade administrativa inferior, secção, bairro, bloco e parcela.

B. No sentido dos ponteiros do relógio

1. Quando a forma da cidade é alongada, e fácil de atribuir o código

2. Quando a povoação da cidade/bairro é regular

3. Quando o bacalhau começa de noroeste para oeste no sentido dos ponteiros do relógio numa única ronda

   - **Nota**: Esta forma de codificação aplica-se à cidade/bairro/, unidade administrativa inferior, secção, bairro, bloco e parcela.

4.3.3 Atribuição de código à unidade administrativa inferior

A atribuição do código deve ser efectuada a partir do NW para o NE, SE e SW, em serpentina ou no sentido dos ponteiros do relógio, em números consecutivos de 2 dígitos (01, 02, 03 ...).

- **Exceção**: Para as vilas/cidades com unidades administrativas inferiores consecutivas da cidade/cidade, os códigos podem ser adoptados tal como estão. Woreda 1, woreda 2...

4.3.4 Delineamento e extração da secção de Adjudicação

A secção de adjudicação é delineada como contendo ≤ 1000 parcelas e ≤ 5 bairros no seu interior. A extração da secção pode ser feita traçando o mapa de base cadastral ou ortofoto como dados de origem e seguindo o método de digitalização heads-up. Isto pode ser feito como os mesmos procedimentos acima indicados para a extração de classes de características de parcelas, quarteirões e bairros.

4.3.4.1 Atribuição de um código para a secção Adjudicação

Os códigos numéricos de 2 dígitos (01, 02, 03) são atribuídos às secções de forma serpentina ou no sentido dos ponteiros do relógio. O código continua até que todos os sectores com unidades administrativas inferiores recebam o código. O código começa a partir do NW da unidade administrativa inferior para o NE e depois para as direcções SE e SW, consecutivamente.

- **Nota:** Este código não faz parte da UPIC de 14 dígitos

4.3.4.2 Atribuição de um código para o bairro

Os bairros não contêm mais de 200 parcelas. Atribuição de códigos aos bairros situados num determinado nível de unidade administrativa inferior. Os bairros de cada secção da unidade administrativa inferior recebem códigos consecutivos, independentemente da sua localização. O código do bairro começa a partir do NW para o SE e SW, em serpentina ou no sentido dos ponteiros do relógio. Os bairros são designados por uma frase, após consulta da unidade administrativa inferior da câmara municipal e da coletividade que vive no bairro.

4.3.4.3 Atribuição de códigos para os quarteirões

Um quarteirão é o conjunto das parcelas delimitadas por uma estrada ou por outras características naturais de um bairro. Os quarteirões são delineados e extraídos por traçado no mapa de base cadastral ou ortofoto como fonte de dados. Possuem códigos numéricos consecutivos ao nível do bairro. A codificação deve ser efectuada a partir do NW para o NE, SE e SW, em serpentina ou no sentido dos ponteiros do relógio, com uma codificação numérica consecutiva de 2 dígitos (01, 02,...).

4.4 Norma de intercâmbio de dados espaciais

As informações cadastrais digitais, quer sob a forma vetorial quer sob a forma raster, devem ser armazenadas e trocadas no seguinte formato de dados normalizado

Normas para o formato de dados vectoriais: -

1. Ficheiro ESRI Shape (.shp)
2. Base de dados geográfica pessoal ESRI (.mdb)
3. Ficheiro ESRI de geodatabase (.gdb)
4. Formato de intercâmbio de desenhos (DXF)
5. Formato de desenho AutoCAD (dwg)
6. DGN (Microstation)
7. ASCII
8. Normas para o formato de dados raster
9. ECW
10. JPEG
11. CEM
12. PNG
13. PDF
14. Tiff/GeoTIFF - especialmente para ortofotos
15. IMAGEM/UMG
16. GIF
17. JPG.

- **Nota:** A ortofoto deve estar isenta de qualquer compressão

PARTE II
DEMONSTRAÇÃO PRÁTICA (PREPARAÇÃO DE MAPAS - IMPRESSÃO)

1 CRIAR, ORGANIZAR A GEODATABASE

A geodatabase é um modelo de informação geográfica fundamental que organiza os dados SIG em camadas temáticas e representações espaciais. É a lógica de aplicação e as ferramentas para aceder e gerir os dados SIG. O diagrama seguinte ilustra o esquema da Geodatabase de acordo com o manual de trabalho n.º 44/2015 relativo ao levantamento cadastral urbano e à cartografia.

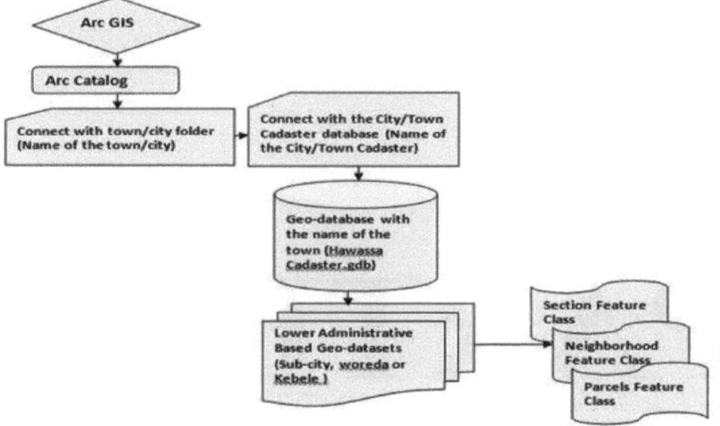

Esquema de desenho da Geodatabase O primeiro passo na criação de uma Geodatabase é criar o ficheiro da base de dados.

1.1 Criar um novo ficheiro geodatabase

Passos:

1. Inicie o ArcCatalog fazendo duplo clique no atalho instalado no seu ambiente de trabalho ou utilizando a lista de Programas no menu Iniciar.

2. Clique com o botão direito do rato na sua pasta na unidade selecionada, aponte para Novo e clique em Base de dados geográfica pessoal.

3. Mudar o nome da Geodatabase escrevendo "Haromaya_Cadaster" sobre o texto destacado.

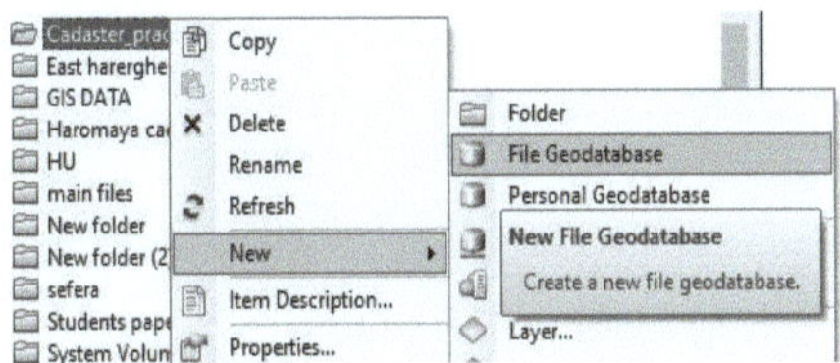

4. Premir Enter

- Acabou de criar uma Geodatabase pessoal vazia chamada "Haromaya_Cadaster".

1.2 Criar novos itens numa geodatabase

Depois de ter uma base de dados geográfica, é necessário preenchê-la (adicionar itens).

1.2.1 Itens de geodatabase

As bases de dados geográficas organizam os dados geográficos numa hierarquia de objectos de dados. Estes objectos de dados são armazenados em classes de elementos geográficos, classes de objectos e conjuntos de dados de elementos geográficos.

i. **Um conjunto de dados de elementos geográficos** - é uma coleção de classes de elementos geográficos que partilham a mesma referência espacial. É semelhante a um subdiretório.

ii. **Uma classe de elemento geográfico** - é um conjunto de elementos geográficos com o mesmo tipo de geometria e os mesmos atributos. Estas são as camadas de dados SIG.

iii. **Uma classe de objeto** - é uma tabela na Geodatabase que armazena dados não espaciais.

1.2.2 Criar conjuntos de dados de características

Ao criar um novo conjunto de dados de elementos geográficos, é necessário definir a sua referência espacial. Isto inclui o seu sistema de coordenadas, seja geográfico ou uma projeção específica, e os domínios de coordenadas, os valores mínimos de x, y, z e m e a sua precisão.

Passos:

1. Navegue até à sua pasta e clique com o botão direito do rato na Geodatabase criada na árvore do ArcCatalog, aponte para New e clique em Feature Dataset.

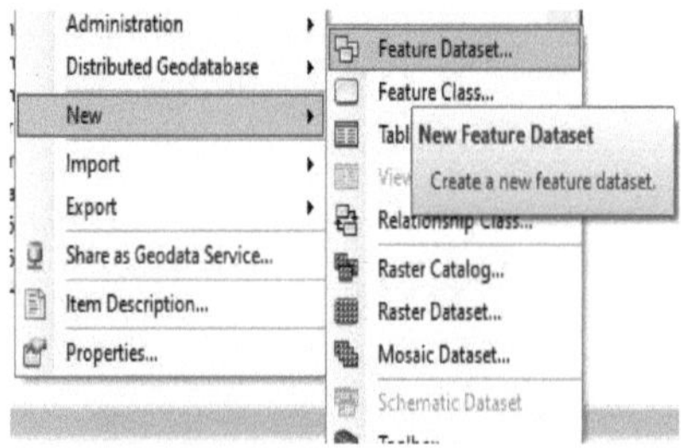

2. Escreva "Keble_x" na caixa de texto do nome. (X- o Keble em que vai trabalhar)

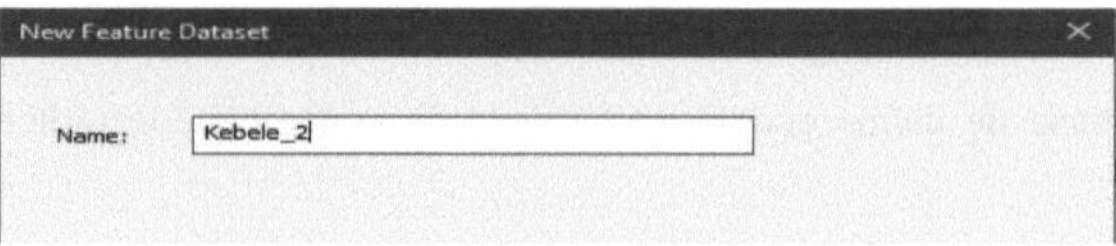

3. Para definir a referência espacial do conjunto de dados da caraterística, clique em Seguinte → Selecionar → Sistemas de coordenadas projectadas → UTM → África →Adindan UTM Zona 38N.prj.

   - A zona depende da área onde está a trabalhar.

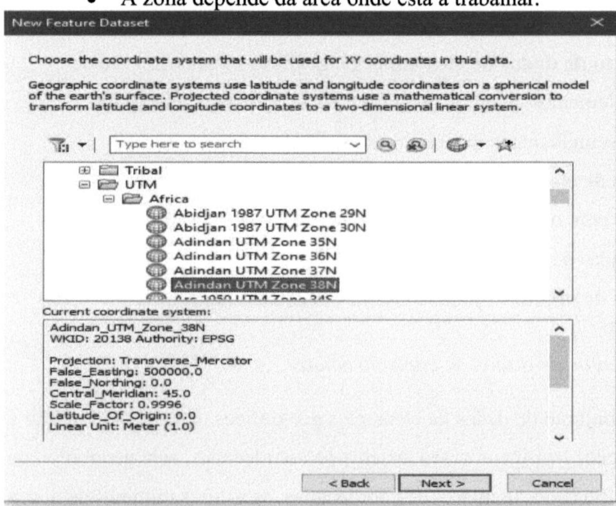

4. Clique em Seguinte

5. Clique em OK

Ex: Utilizando o mesmo domínio espacial (atribuído a Kebele), criar conjuntos de dados de elementos geográficos denominados Limite administrativo.

✓ **Nota**: Se o seu conjunto de dados de elementos geográficos contiver classes de elementos geográficos com valores Z (como contornos topográficos) e valores M (como valores de medidas de estradas), é necessário definir a sua precisão.

1.2.3 Criação de classes de características

Cria-se classes de características vazias no ArcCatalog. Ao criar uma feature class, opta-se por criar uma que armazene características simples (pontos, linhas ou polígonos) ou uma que armazene anotações, características de rede, características de dimensão ou catálogos raster. Também define os campos que irá conter e as propriedades do campo de geometria, tais como o seu índice espacial e tipo de geometria.

Passos:

1. Navegar para o ficheiro da geodatabase Haromaya Cadaster e clicar com o botão direito do rato no conjunto de dados da caraterística "Kebele" x" no ArcCatalog ♦☐ ɱ ɱ ➔ New ➔ Feature Class.

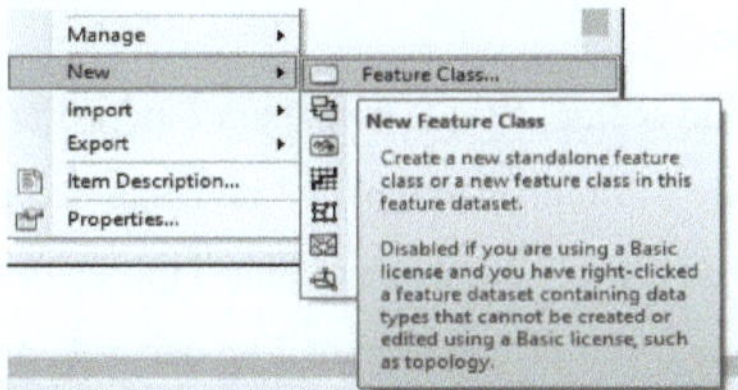

2. Escreva "Parcel" na caixa de texto Name e "parcels" na caixa de texto alias.
3. Clique no botão de opção à frente de 'Esta classe de elemento geográfico

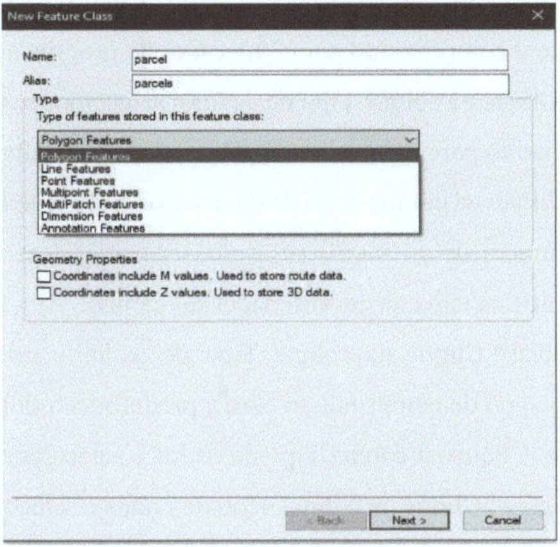

armazenará um elemento geográfico simples do ESRI (**por exemplo**, ponto, linha, poliedro)'.

4. Na lista ordenada, selecionar o polígono (parcela representada por um polígono).

5. Clique em Seguinte

6. Em "Configuration Keyword" (Palavra-chave de configuração), seleccione Default (Predefinição) e clique em Next (Seguinte).

7. Adicionar um novo nome de campo.

    a) "Nome" Clique na coluna Tipo de dados junto a Nome e seleccione texto. Seleccione o comprimento para 3 na caixa de propriedades do campo.

    b) 'Parcel no' Clique na coluna Data Type (Tipo de dados) e seleccione text (texto). Seleccione o comprimento para 3 na caixa de propriedades do campo.

    c) 'Kebele code' Clique na coluna Data Type (Tipo de dados) e seleccione text (texto). Seleccione o comprimento para 2 na caixa de propriedades do campo.

    d) "Código do sector" Clique na coluna Tipo de dados e seleccione texto. Seleccione o comprimento para 3 na caixa de propriedades do campo.

    e) "Código de bloco" Clique na coluna Tipo de dados e seleccione texto. Seleccione o comprimento para 2 na caixa de propriedades do campo.

    f) "Código de região" Clique na coluna Tipo de dados e seleccione texto. Seleccione o comprimento para 2 na caixa de propriedades do campo.

    g) "Código da cidade" Clique na coluna Tipo de dados e seleccione texto. Seleccione o comprimento para 3 na caixa de propriedades do campo.

    h) "Bairro" Clique na coluna Tipo de dados e seleccione texto. Seleccione o comprimento para 2 na caixa de propriedades do campo.

    i) "UPIC" Clique na coluna Tipo de dados e seleccione texto. Seleccione o comprimento de 14 ou 20 se as suas parcelas forem edifícios ou condomínios na caixa de propriedades do campo.

    j) "Área inicial" Clique na coluna Tipo de dados e seleccione texto. Deixe o campo de comprimento com a predefinição (50)

    k) 'Tolerance' Clique na coluna Tipo de dados e seleccione Duplo.

    l) "Percentagem" Clique na coluna Tipo de dados e seleccione Duplo.

    m) 'Diferença' Clique na coluna Tipo de dados e seleccione Duplo.

8. Clique em Concluir

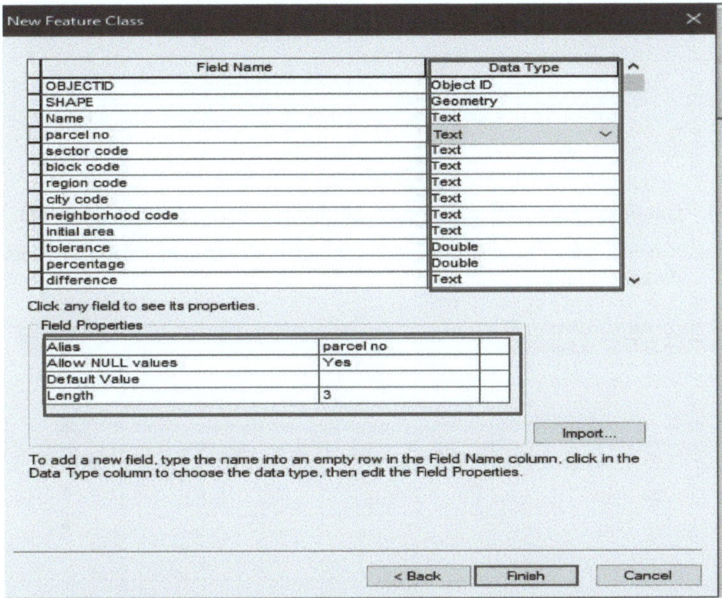

✓ A estrada e o quarteirão serão derivados do conjunto de dados da parcela após a criação.

✓ As classes de características de sector e de bairro também podem ser preenchidas utilizando ferramentas de migração de dados (Exportar e Importar) e Copiar dados.

1.2.4 Migração de dados (exportação, importação e cópia de dados)

❖ **Importação de um conjunto de dados de elementos geográficos para um ficheiro de base de dados geográfica Passos:**

1. Navegue para o seu ficheiro Geodatabase (Haromaya_cadaster)

2. Clique com o botão direito do rato no conjunto de dados da caraterística "Limite administrativo".

3. Importar ☐Feature Class (Multiple)

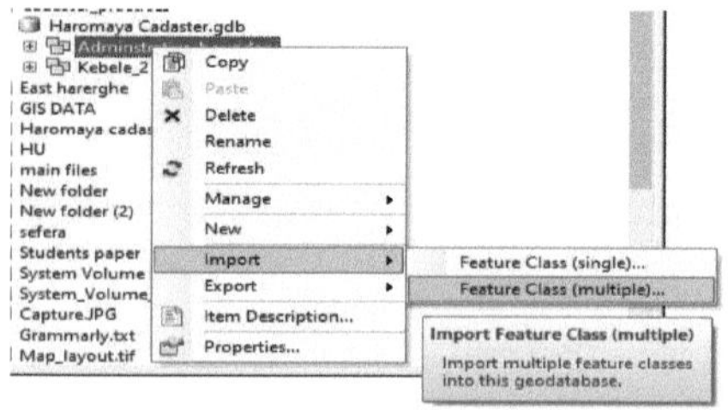

4. Clique no botão de pesquisa para selecionar as características de entrada.

5. Navegar até ao ficheiro onde se encontram o shapefile da cidade e o shapefile do kebele (utilizar o sinal "+")

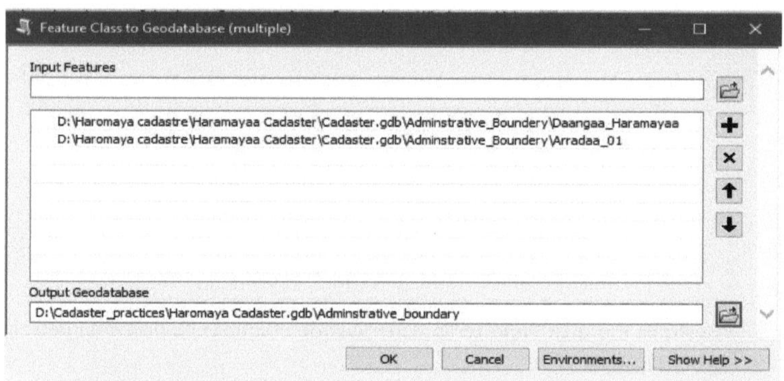

6. Clique em OK para importar as classes de características para o conjunto de dados pretendido

Ex: Utilizando o mesmo passo, importar as classes de características Sector e Bairro para o conjunto de dados de características kebele

- O esquema final da base de dados deve ser semelhante à imagem abaixo

2 TRABALHAR COM DADOS DE INQUÉRITOS

Esta parte do exercício irá ensinar-lhe como importar os seus ficheiros de dados de campo para o ArcGIS. Pode adicionar dados organizados em colunas ao ArcMap para digitalizar parcelas ou apresentá-las como mapas de pontos de canto.

Este tipo de dados pode ser proveniente de leituras de estação total, diferencial ou GPS portátil de levantamentos de campo. Os dados devem ser organizados de forma a terem duas colunas que contenham localizações geográficas (em lat/long ou UTM). A tabela pode ser feita com o Excel e exportada diretamente da estação total, diferencial ou GPS de mão, como formato .dbf, .sdr, .csv ou .txt.

2.1 Trabalhar com dados (.sdr)

Passos:

1. Abrir o 'Ms-Excel'
2. Ficheiro ➜ Abrir
3. Seleccione o tipo de ficheiro como "Todos os ficheiros (*. *)".
4. Navegue e abra os dados brutos do inquérito (Feature Survey. sdr) a partir da pasta Survey Integration.
5. Clique em "Abrir
6. Na caixa de diálogo "Assistente de importação de texto", ajuste.
7. Tipo de dados originais: Delimitado
8. Iniciar importação na linha: 7
9. Clique em "Seguinte
10. Assinale a caixa "Delimiter" como "Tab

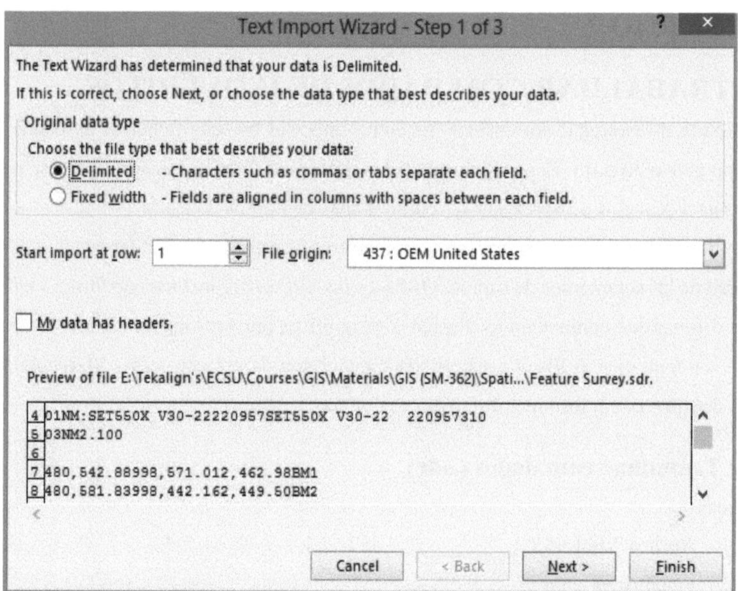

11. Clique em "Seguinte

12. Marque a caixa "Formato dos dados da coluna" como "Geral".

13. Clique em "Concluir

14. Eliminar linhas desnecessárias

15. Adicionar os títulos das colunas (X, Y, Z, Código)

	A	B	C	D
1	X	Y	Z	Code
2	480,542.88	998,571.01	2,462.98	BM1
3	480,581.83	998,442.16	2,449.50	BM2
4	480,539.12	998,574.47	2,463.01	BM3
5	480,830.21	998,466.94	2,448.74	BM4
6	480,651.38	998,438.81	2,446.97	BM5
7	480,779.16	998,573.56	2,464.49	BM6
8	480,741.17	998,649.88	2,469.95	BM7
9	480,628.22	998,602.59	2,465.90	BM8
10	480,578.23	998,483.79	0	P1
11	480,587.55	998,452.52	0	P2

16. Guardar o ficheiro no formato Ms Excel:

- **Localização**: Pasta de integração de inquéritos

- **Nome do ficheiro:** FeatureSurvey (Convertido)

- **Tipo de ficheiro:** Livro de trabalho do Excel (.xlsx)

✓ **Nota**: se os seus dados estiverem armazenados em formato CSV ou dbf,

Xlsx ou xsl, não é necessário seguir os passos acima.

2.2 Adição de dados de inquérito como uma caraterística pontual

Passos

1. Abrir a janela do ArcMap

2. Clique no botão Adicionar dados

3. Navegue até Ollaa21.Csv e adicione a tabela.

   - Quando se adiciona uma tabela autónoma ao ArcMap, o TOC muda para a vista de lista por fonte, uma vez que as tabelas autónomas não aparecem na vista -list by drawing Order.

4. Clique em exibir dados XY.

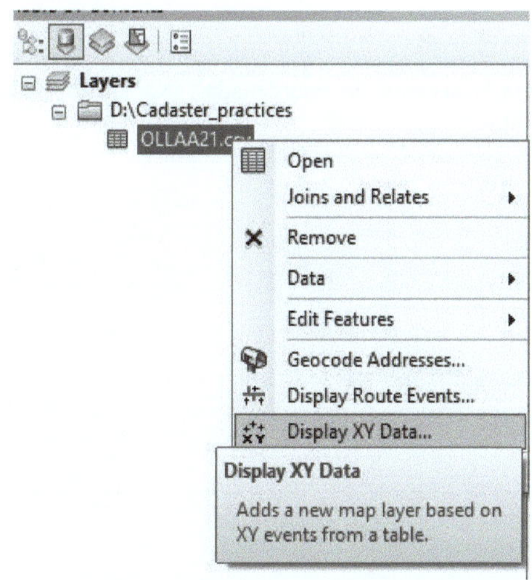

5. Na janela Mostrar dados XY, selecionar "X" para o campo X e "Y" para o campo Y, Altitude para e "Altitude para o campo "Z".

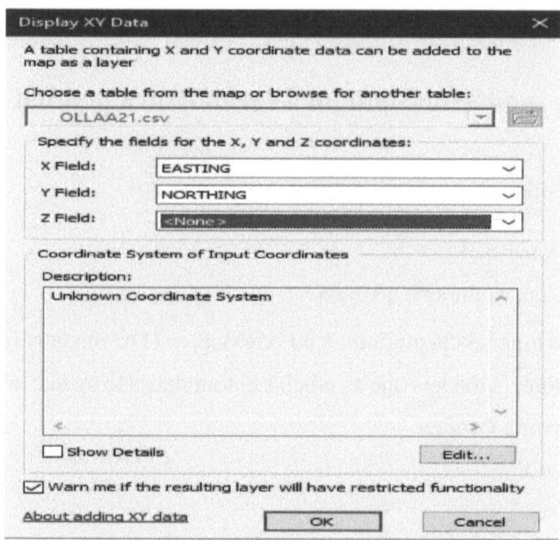

6. Clique em Editar para o sistema de coordenadas. Na janela Sistema de coordenadas "XY", clique em selecionar

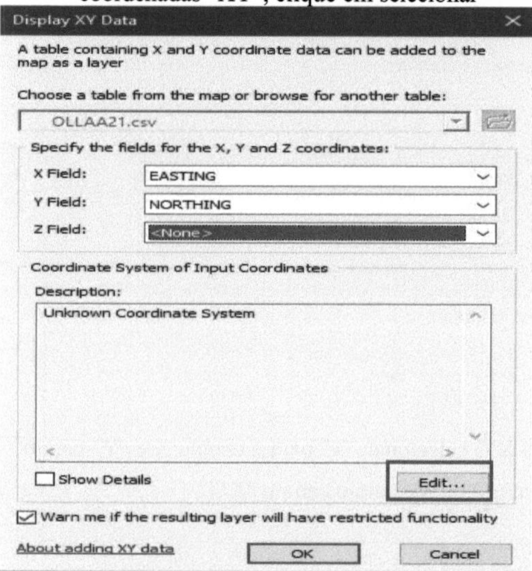

7. Navegar para e escolher Sistemas de coordenadas projectados e defini-lo como UTM ➔ Adindan UTM zona 38

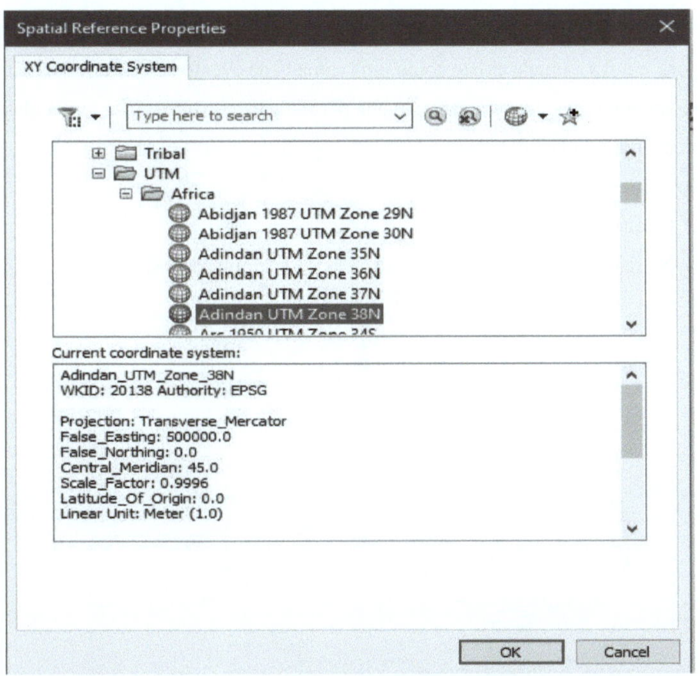

8. Clique em OK para fechar a janela Referência espacial.

9. Clique em OK para fechar a janela XY Data e executar o programa.

   • Uma mensagem indicará que a tabela não tem um campo Object-ID →
     Clique em OK

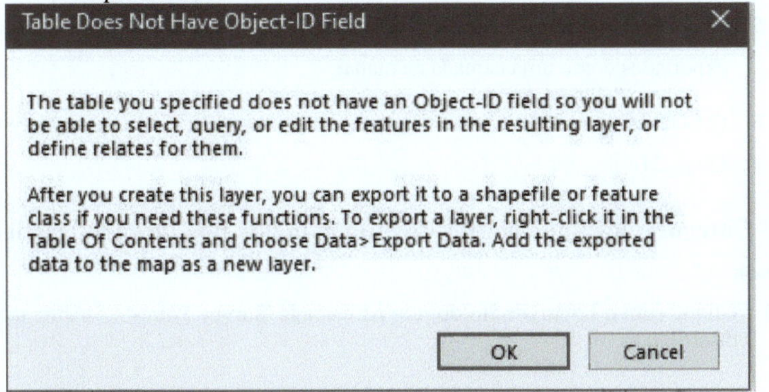

2.3 Exportação da classe de caraterística de dados XY para a Geodatabase

Após o processamento, o mapa deve mostrar as localizações da tabela como pontos. Até agora, a nova camada existe como uma camada de evento no documento do mapa. Nos passos seguintes, tornará esta camada permanente convertendo-a numa classe de caraterística na sua Geodatabase.

Passos:

1. Clique na camada Eventos OLLAA21.csv no COT.
2. Na lista pendente, clique em DADOS → Exportar dados.

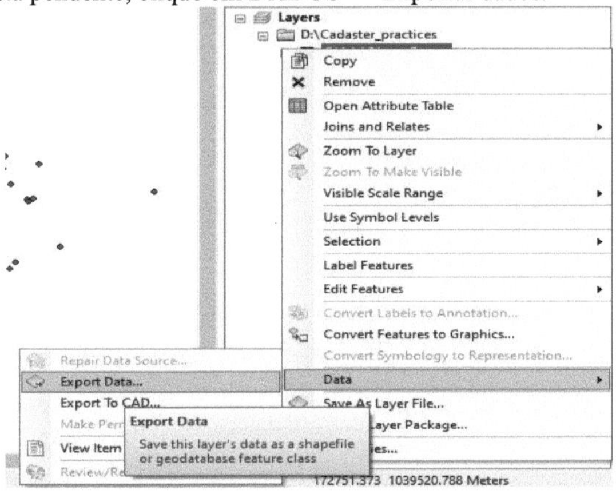

3. Para a classe de caraterística de saída, navegar para o conjunto de dados de caraterística Haromaya_cadaster ➜ Kebele_02.

4. Clique em Guardar.

5. Clique em OK quando lhe for perguntado se pretende adicionar os dados exportados como uma camada de mapa.

6. O COT na vista de lista por fonte deve agora mostrar a classe de caraterística Ollaa_21.

2.4 Categorização dos pontos de inquérito por tipo de caraterística

Passos:

1. Clique com o botão direito do rato na camada 'Survey Points' ☐' Abrir tabela de atributos

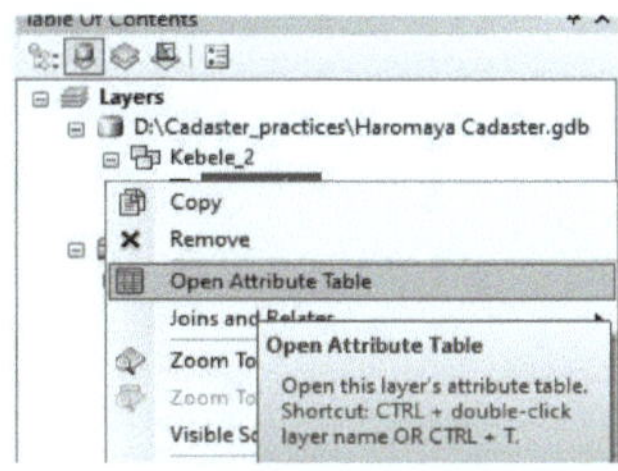

2. No botão "Opções de tabela", ☐Add Field.

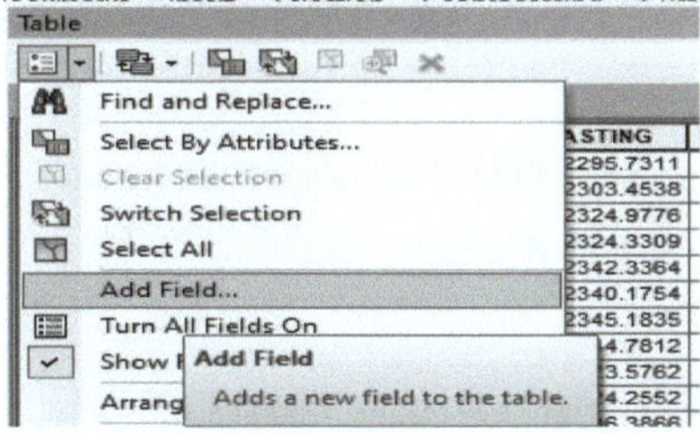

3. Na caixa de diálogo "Adicionar campo", preencha os seguintes requisitos:

    - **Nome**: Categoria de caraterística

    - **Tipo**: Texto

    - **Também conhecido por**: Categoria de caraterística

    - **Comprimento**: 20

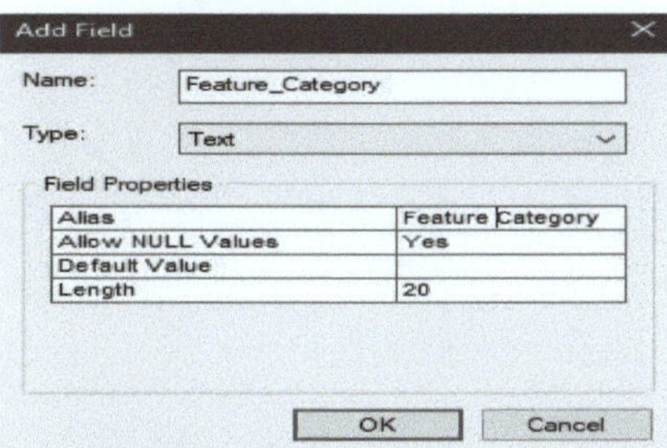

4. Clique em OK

5. Abrir a tabela de atributos da caraterística "Pontos de inquérito".

6. Selecionar todos os registos que se enquadram em categorias semelhantes (por exemplo, BM1, BM2...BM8)

7. Clique com o botão direito do rato no cabeçalho do campo do atributo "Feature Category" ☐Field Calculator ➜ OK.

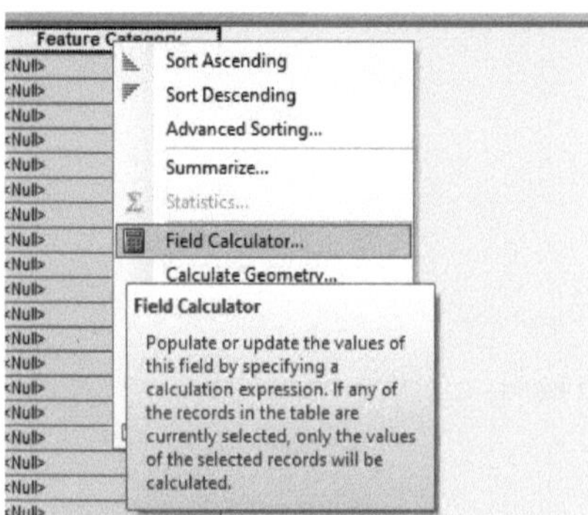

8. Preencher o parâmetro seguinte na caixa de diálogo "Calculadora de campo":

9. Categoria de elemento = "Marcas de referência"

10. Clique em OK

- Atribuir a categoria de elemento geográfico como "Parcel Corners" para os registos com códigos de elemento geográfico (p1,p2....pn)

3 DIGITALIZAÇÃO DE LIMITES DE PARCELAS NO MAPA DE ARCO

Até agora, o usuário criou a estrutura de dados, que conterá as classes de características que precisam ser criadas. No entanto, as classes de caraterística que criou estão vazias e não contêm quaisquer dados espaciais. Neste exercício, utilizará imagens aéreas de ortofotos e pontos de levantamento para criar uma nova caraterística que represente imparcialmente parcelas, quarteirões e estradas. Uma vez criada a caraterística, adicionará valores de atributos às características individualmente. É-lhe apresentada a Barra de Ferramentas do Editor, a janela Create Features e a janela Attributes, os principais elementos da interface do utilizador do ArcMap durante a edição. Para iniciar este exercício, começa por ampliar o mapa para a sua área de interesse.

3.1.1 Abrir a barra de ferramentas do editor
Passos:

1. Clique com o botão direito do rato na parte superior da página.

2. É-lhe apresentado um menu de barras de ferramentas. Seleccione Editor.

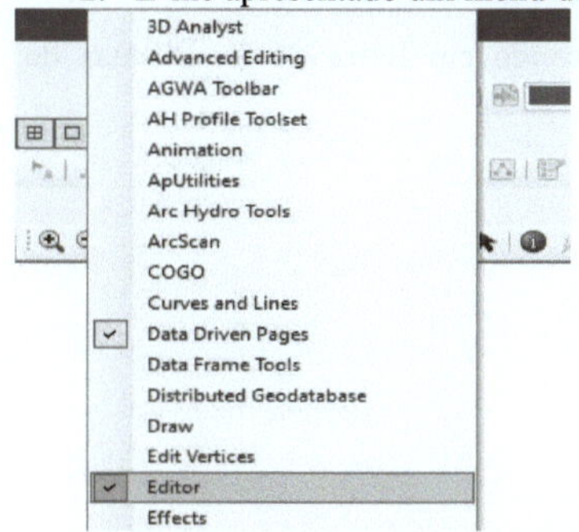

3. A barra de ferramentas do editor aparecerá na janela.

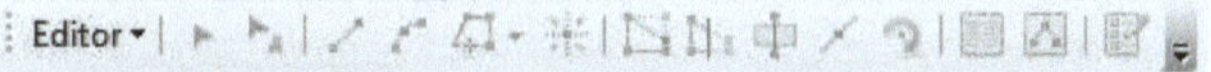

3.1.2 Abrir a ferramenta de encaixe

A ferramenta de encaixe assegura que a caraterística da parcela se liga à caraterística do canto/ponto de levantamento existente. Quando o encaixe está ativado, o ponteiro salta ou encaixa nas arestas, vértices e outros elementos geométricos quando está perto deles. Isto permite-lhe posicionar facilmente uma caraterística relativamente às localizações de outras características. Todas as definições necessárias para trabalhar com o encaixe encontram-se na barra de ferramentas de encaixe. Pode iniciar o

ArcMap com um novo documento de mapa e adicionar o Conjunto de Dados de Feição acabado de criar ao mapa para ver os seus campos de atributos e domínios de valores codificados.

Passos:

1. Inicie o ArcMap com um novo mapa vazio.

2. Adicionar a barra de ferramentas Snapping ao ArcMap. É possível adicionar uma barra de ferramentas clicando no menu Personalizar, apontando para Barras de ferramentas e clicando no nome da barra de ferramentas na lista.

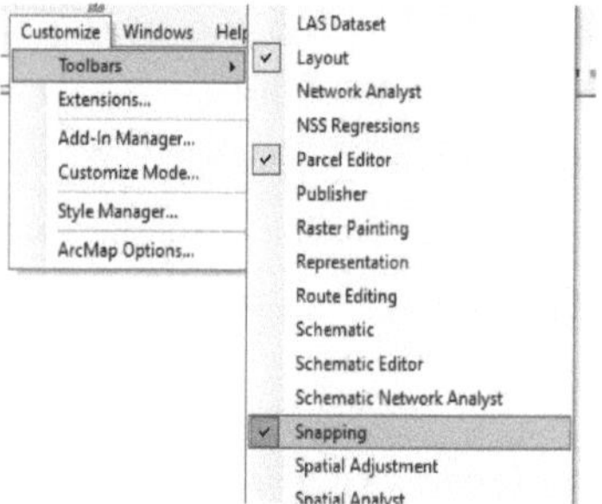

3. Também pode adicionar a barra de ferramentas de Encaixe clicando no menu Editor, apontando para Encaixe e clicando em Barra de ferramentas de encaixe.

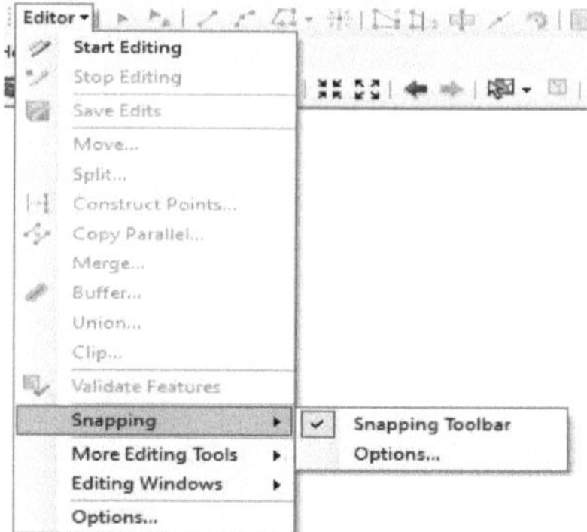

4. Na barra de ferramentas Encaixe, clique no menu Encaixe e confirme se a opção Utilizar Encaixe está selecionada.

5. Se já estiver selecionado, não clique novamente, pois isso irá desativar o encaixe. Se a opção Utilizar encaixe não estiver selecionada, clique nela para ativar o encaixe.

6. Observe a barra de ferramentas Snapping e confirme se os tipos de snap

Interaction, midpoint e Tangent estão activos. Quando ativados, os botões são destacados. Se não estiverem activados, clique em cada botão para permitir que esses agentes o façam.

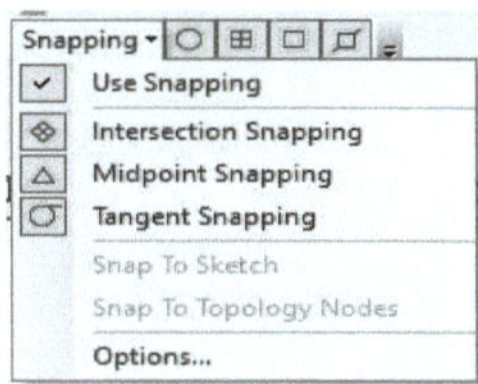

7. Clique no menu Snapping e clique em Options. A partir desta caixa de diálogo, pode especificar as definições para o Snapping no ArcMap.

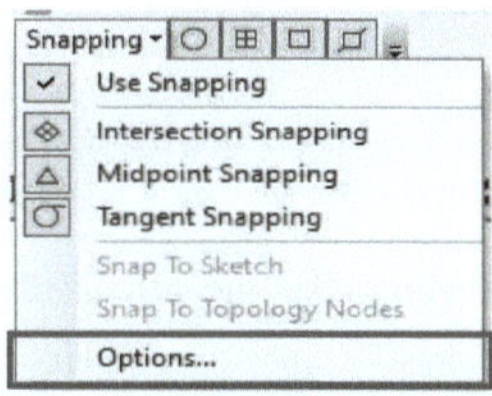

8. Certifique-se de que a tolerância de encaixe é de, pelo menos, 10 píxeis.

- A tolerância de encaixe é a distância dentro da qual o ponteiro ou uma caraterística é encaixado noutra localização. Se o elemento a que está a ser fixado, como um vértice ou ponto, estiver dentro da distância definida, o ponteiro fixa-se automaticamente na área. Por exemplo, suponha que é atribuída uma tolerância de encaixe de 8 unidades de mapa. Os dois vértices serão unidos sempre que digitalizar um vértice ou ponto dentro desta distância de tolerância (por exemplo, oito unidades de mapa) de um vértice existente.

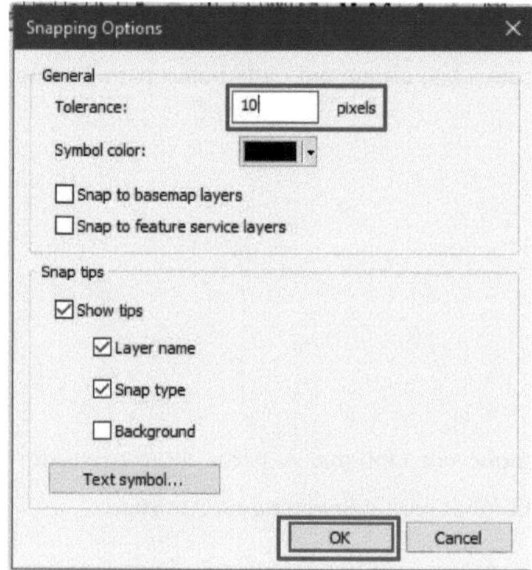

3.1.3 *Digitalização de parcelas*
Passos:

1. Adicione ao mapa a classe de caraterística da parcela vazia que criou (no ficheiro Haromaya_cadaster Geodatabase): as classes de caraterística aparecerão no índice.

2. Abra a tabela de atributos de todas as classes de caraterística para ver quais os campos de atributos que criou. Em seguida, fechar as tabelas de atributos.

   - Neste momento, vai digitalizar as parcelas com base no ponto de levantamento recolhido e sobrepor a imagem aérea do ortofoto. Ao digitalizar as parcelas, deve armazenar as parcelas que cada polígono conterá. Para isso, efectue os seguintes arranjos no menu do editor.

   a) Clique na seta DrDrop-down do menu Editor

   b) Clique em Opção

   c) Aceder ao separador dos atributos

   d) Verificar em Exibir os dados de atributo antes de armazenar as características

   e) Verificar a existência das seguintes camadas

   f) Ligar o pacote e deixar os restantes como estão.

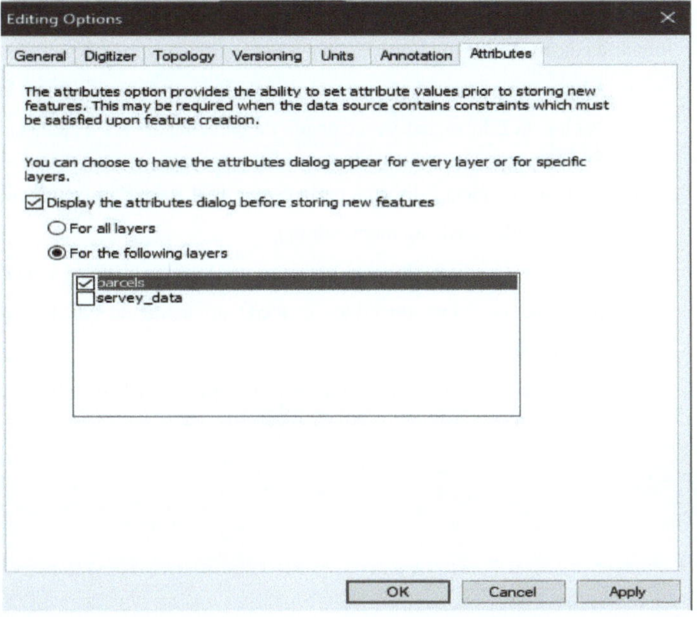

Editing Options
General   Digitizer   Topology   Versioning   Units   Annotation   Attributes
The attributes option provides the ability to set attribute values prior to storing new features. This may be required when the data source contains constraints which must be satisfied upon feature creation.
You can choose to have the attributes dialog appear for every layer or for specific layers.
Display the attributes dialog before storing new features
For all layers
For the following layers
parcels
servey_data
OK
Cancel
Apply

3. Iniciar a edição

    a) Clique em Iniciar edição a partir da seta DrDrop-down do menu Editor

    b) Na janela Edição, active a camada da parcela para ser a camada a ser editada.

    c) Expanda a janela Editor na parte esquerda do ArcMap (se não for apresentada, aceda ao menu editor).

    d) A janela do editor não está presente no ArcMap. Utilize a seta pendente no menu do editor e aceda ao menu de edição do Windows.

    e) Clique na opção Criar características na opção Janela de edição.

    f) Faça zoom nos pontos de levantamento e na ortofoto que vê no ecrã e tente identificar as diferentes parcelas com a sua função antes de proceder à digitalização propriamente dita.

    g) Vá para a janela de edição e seleccione a parcela nesta caraterística que a caraterística que vai criar será armazenada)

    h) Vá à ferramenta de construção e clique em Polígono completo automático para reduzir o erro topológico durante a digitalização.

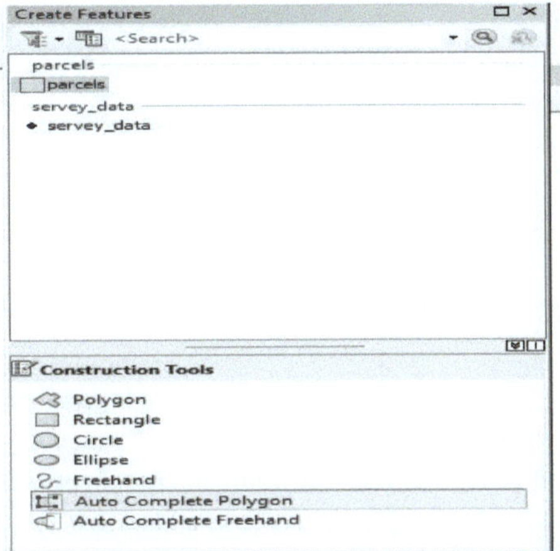

i) Comece a digitalizar os arredores da parcela clicando nos pontos de levantamento.

j) Clique nos pontos individuais do Canto da Parcela para esboçar (de acordo com a guia do Papel de Esboço).

k) Faça duplo clique ou prima F2. Clique com o botão direito do rato quando terminar a digitalização da parcela

l) Na próxima caixa de diálogo do editor de atributos, escreva o nome do proprietário da parcela, o código da parcela e o código do sector.... como função do tipo de parcela (é-lhe pedido que adicione informações sobre o atributo, uma vez que já activou a visualização dos dados do atributo antes de armazenar a opção de características no menu do editor).

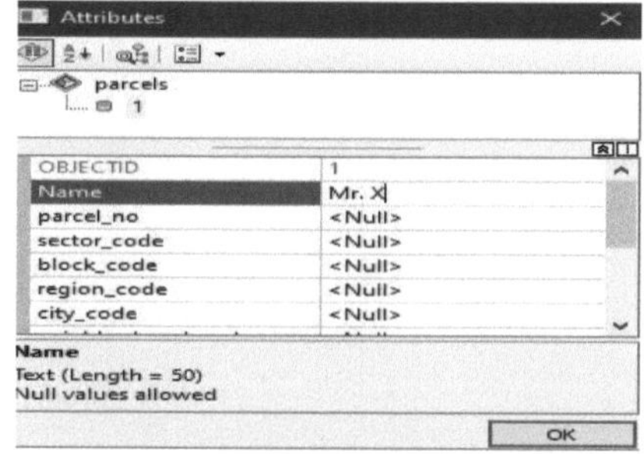

m) Guarde as suas edições clicando na barra de ferramentas do editor e, em seguida, clique em guardar edição

n) Tentar digitalizar e preencher o atributo de mais parcelas de polígonos

o) Finalmente, depois de terminar todas as parcelas, pare a sua edição clicando na barra de ferramentas do Editor e depois em Parar edição.

✓ **Nota:** A utilização de ortofotos como imagens de fundo é útil durante a digitalização dos cantos das parcelas.

4 GEOMETRIAS DAS PARCELAS

Para cada classe de caraterística poligonal que criou no ambiente de preparação, verifique as geometrias e gere linhas conforme descrito nas secções seguintes.

4.1 Verificar e reparar as geometrias dos polígonos.

4.1.1 Verificar a geometria

Como resultado, vários problemas geométricos não podem ser resolvidos através da edição. Verifique a ferramenta de geometria para corrigir características alteradas manualmente e características com problemas de geometria. A ferramenta Verificar Geometria apresenta um relatório de todos os elementos geográficos das classes de elementos que apresentam problemas de geometria. Utilize a ferramenta Reparar Geometria para corrigir estes problemas.

Passos:

1. Abrir a caixa ArcTool no ArcMap
2. Clicar na ferramenta de gestão de dados
3. Navegar para Características ➜ verificar geometria

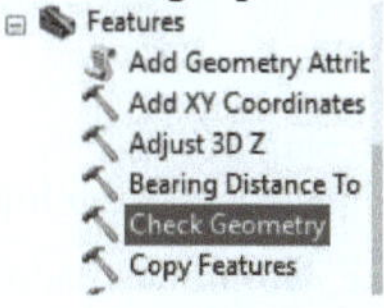

  i. **Características de entrada:** Parcela

  ii. **Classe de elemento de saída:** parcela geométrica controlada

✓ A ferramenta gera uma tabela de erros de geometria, como geometrias nulas e polígonos que se intersectam.

4.1.2 Geometria de reparação

Passos:

1. Abrir a caixa ArcTool no ArcMap
2. Clique na ferramenta Gestão de dados
3. Navegar para Características ➜ verificar geometria

  i. **Características de entrada:** Limite da parcela

  ii. **Classe de elemento de saída:** Cadaster
  training/output/repaired_parcel_line

✓ Ao descobrir um problema de geometria, será aplicada uma correção relevante e será impressa uma descrição de uma linha identificando a caraterística e o problema encontrado.

✓ Se a tabela de resultados verificar a geometria, abandonar esta etapa

❖ Além disso, verifique se existem polígonos com áreas de forma minúscula. Certifique-se de que se trata de parcelas válidas e não de polígonos de fita. Se forem parcelas inválidas, funde-as com parcelas adjacentes ou elimine-as utilizando a barra de ferramentas de edição.

4.2 Alinhar polígonos sobrepostos

As sobreposições e lacunas entre polígonos de parcelas adjacentes resultarão em muitos erros de topologia. Além disso, se mantiver polígonos de parcelas sobrepostos, deve garantir que os limites dos polígonos sobrepostos coincidem. A ferramenta de geoprocessamento Integrate pode alinhar polígonos sobrepostos se os limites do polígono estiverem dentro da tolerância x,y dada.

Passos:

1. Abrir a caixa ArcTool no ArcMap
2. Clicar na ferramenta de gestão de dados
3. Navegar para a classe Características ➔ Integrar

    i. **Características de entrada:** Limite da parcela

✓ **Nota**: A ferramenta Integrar deve ser utilizada em polígonos e não em linhas. A ferramenta integrada modifica os dados de entrada e não produz dados de saída. Deve fazer uma cópia dos seus dados antes de utilizar a ferramenta Integrar. O valor especificado para a tolerância x-y é crítico. Uma tolerância demasiado grande pode colapsar e apagar polígonos ou mover vértices que não deveriam ser movidos. Execute a ferramenta em pequenos subconjuntos de dados para poder examinar os resultados e testar diferentes tolerâncias x-y. Outra alternativa é dissolver polígonos utilizando a ferramenta de geoprocessamento Dissolver para limpar polígonos alinhados e sobrepostos.

4.3 Gerar linhas

O processo de mapeamento da junção de terrenos requer uma topologia limpa de polígonos de parcelas e linhas de parcelas. Pode criar linhas a partir dos seus polígonos utilizando a ferramenta polígono para linha se não mantiver linhas de parcelas.

Passos:

1. Abrir a caixa ArcTool no ArcMap
2. Clicar na ferramenta de gestão de dados
3. Navegar para Características ➜   Polígono para linha

- Certifique-se de que escolhe Identificar e armazenar informações sobre polígonos vizinhos na caixa de diálogo Polígono para linha para garantir que não são criadas linhas duplicadas para polígonos vizinhos que partilham um limite comum.

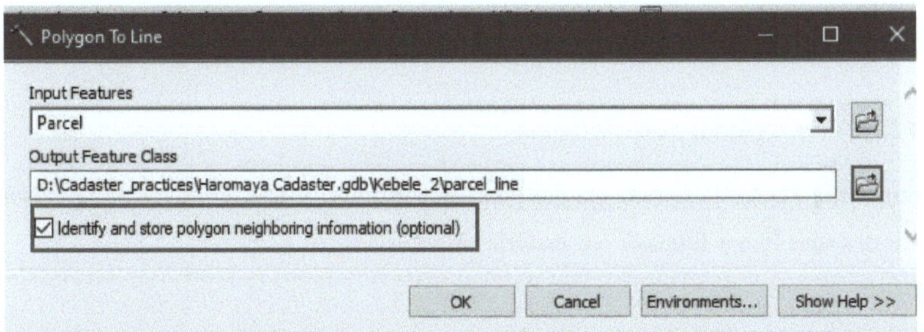

✓ **Nota:** Verifique se existem linhas com comprimentos pequenos. Certifique-se de que se trata de linhas válidas e não de linhas pendentes incorrectas. Eliminar ou modificar as linhas em suspensão.

4.4 Reconstruir polígonos a partir de linhas.

É necessário reconstruir os polígonos das parcelas a partir das linhas alteradas. Se os polígonos não forem reconstruídos, podem ocorrer erros de topologia ao validar a topologia de carregamento com as regras necessárias. Para reconstruir novos polígonos e transferir atributos, conclua os tópicos a seguir:

4.4.1 Guardar as características dos polígonos existentes em características pontuais

Passos:
1. Abrir a caixa ArcTool no ArcMap
2. Clicar na ferramenta de gestão de dados
3. Navegar para Características ➜   caraterística Até ao ponto

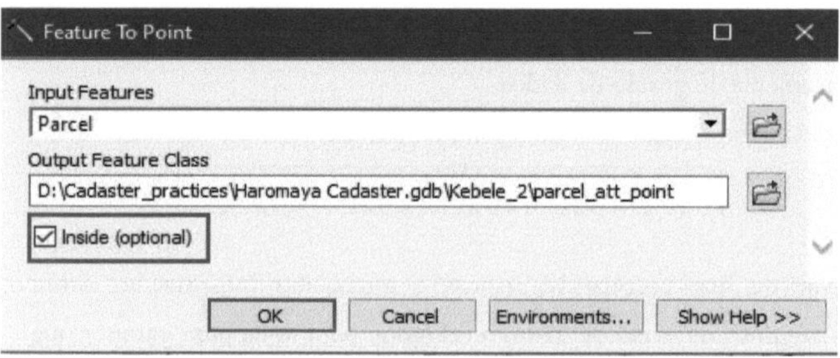

- Certifique-se de que verifica a caixa de diálogo Característica a ponto.

4.4.2   Característica para polígono

As funcionalidades da ferramenta polígono ajudam-nos a construir novos polígonos a partir das suas linhas limpas e a transferir atributos.

Passos:

1. Abrir a caixa ArcTool no ArcMap
2. Clicar na ferramenta de gestão de dados
3. Navegar para Características ➜   caraterística para Polígono

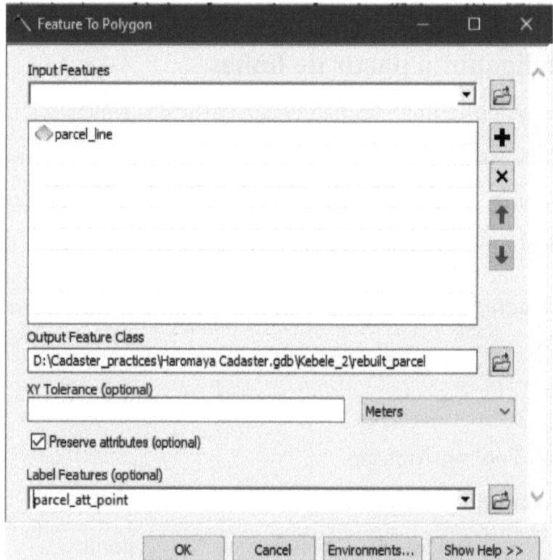

- ____Na caixa de diálogo Característica para polígono, seleccione Preservar atributos e escolha a classe de caraterística de ponto criada em 4.4.1 para Características de

52

etiqueta.

- ✓ **Nota:** Ao reconstruir polígonos a partir de linhas, todos os polígonos com várias partes são divididos. Utilize a ferramenta de geoprocessamento Fundir ou Dissolver para recriar os seus polígonos multipartes.

4.5 Fazer um inventário

Faça um inventário dos seus polígonos. Conte o número de polígonos de parcelas que tem após a limpeza e formatação das geometrias. Pretende garantir que o número de polígonos permanece o mesmo durante a preparação, formatação e após o carregamento. Se um polígono for eliminado durante qualquer fase do processo de carregamento, pode investigar e corrigi-lo ou aceder à ferramenta de edição de fusão de parcelas.

4.6 Trabalhar na linha de parcelas

4.6.1 Conversão de polígono em linha

Depois de digitalizar, limpar geometrias e preencher dados de atributos, é importante converter parcelas de polígonos em linhas para gerar e rotular o comprimento e a largura de uma determinada parcela. Por conseguinte, estes exercícios em cada secção demonstram conceitos e métodos sequencialmente e devem ser completados pela ordem em que são apresentados.

Passos:

1. Abrir a caixa ArcTool no ArcMap
2. Clique na ferramenta de gestão de dados
3. Navegar para Características ➜ caraterística para linha
   - **Elemento de entrada**: arraste as suas parcelas poligonais
   - **Classe de elemento de saída**: linhas de parcelas de tipo
4. Verificar se preserva o atributo (para ter um atributo do polígono)

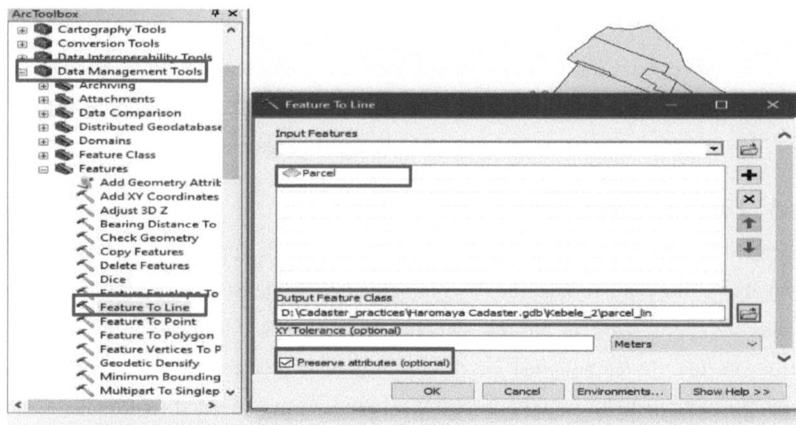

5. Clique em ok.

✓ **Nota:** Os atributos das características de entrada serão mantidos na classe de caraterística de saída.

4.6.2 *Divisão de linha no vértice*

Cada lado de uma determinada parcela deve ser delimitado com linhas de fronteira separadas, de modo a que o comprimento de cada lado seja conhecido. Por exemplo, quatro linhas cada uma delimitarão uma parcela retangular com o seu comprimento em metros.

Passos:

1. Abrir a caixa de ferramentas Arc no ArcMap
2. Clique em Ferramentas de gestão de dados e expanda-as
3. Clique no conjunto de ferramentas de características
4. Clique na linha de divisão no vértice

   - **Elemento de entrada**: arraste as suas parcelas poligonais
   - **Classe de elemento de saída**: linhas de parcelas de tipo

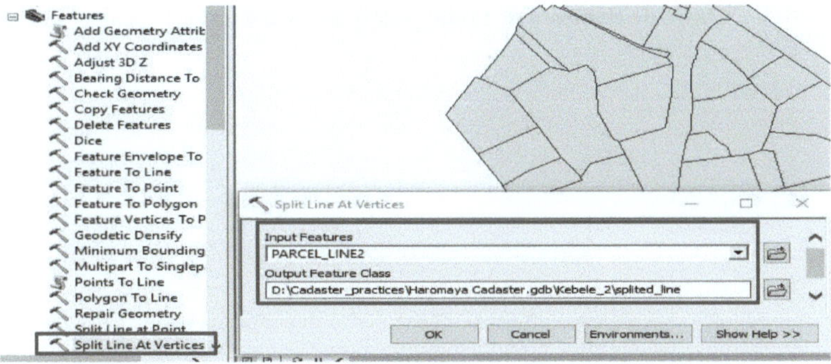

5. Clique em Ok

✓ **Nota:** Se uma linha de entrada não tiver vértices entre o início e o fim, será copiada para a saída tal como está; caso contrário, cada segmento entre dois vértices consecutivos tornar-se-á um traço de linha na produção. Do mesmo modo, todos os segmentos entre dois vértices consecutivos ao longo do limite de um polígono tornar-se-ão um traço de linha na produção. A classe de caraterística de saída pode ser um ficheiro muito maior, dependendo do número de vértices das características de entrada.

- Agora, a sua parcela de polígono está segmentada em diferentes linhas e pode atribuir o comprimento e a largura das parcelas.

4.6.3 *Geração do ponto de canto da parcela a partir do vértice da linha*

Cria uma classe de caraterística que contém pontos gerados a partir de vértices ou localizações especificadas das características de entrada, e os atributos das características de entrada serão mantidos na classe de caraterística de saída. ORIG_FID acrescenta um novo campo à classe de caraterística de saída e define-o com os IDs das características de entrada. Cada parte será tratada como uma linha no caso de linhas ou polígonos com várias partes. Por conseguinte, cada parte terá o seu início, fim, pontos médios e possível(is) ponto(s) de balanço.

Passos:
1. Abrir a caixa de ferramentas Arc no ArcMap
2. Clique em Ferramentas de gestão de dados e expanda-as
3. Clique no conjunto de ferramentas de conversão de características
4. Clique nos vértices da caraterística para apontar
   - **Função de introdução:** arrastar a parcela de linha dividida

- **Classe de elemento de saída:** pontos de canto da parcela de tipo

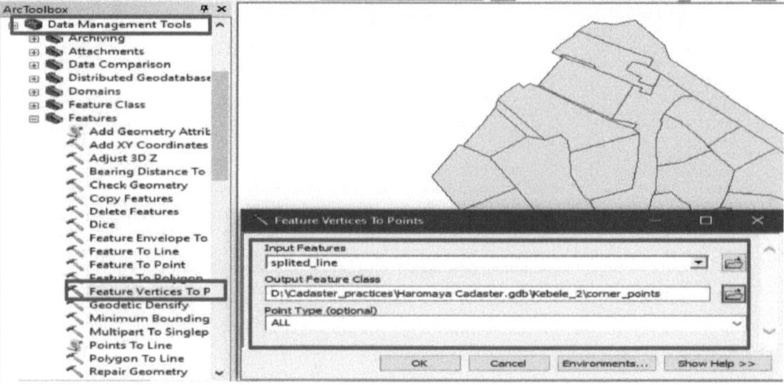

5. Clique em ok.

- **Nota:** É necessário alterar cada ORIG_FID de número para alfabeto para cada canto de parcela (A, B, C....) no sentido dos ponteiros do relógio.

4.6.4 Adição de coordenadas XY para cantos de parcelas

Os valores das coordenadas XY serão escritos nos mapas de adjudicação de terrenos do cadastro para cada canto de parcela. A ferramenta Adicionar XY preenche os campos PONTO_X e PONTO_Y para as características de entrada de pontos e calcula os seus valores. Também acrescenta os campos PONTO_Z e PONTO_M se as características de entrada estiverem activadas para Z e M.

Passos:

1. Abrir a caixa de ferramentas Arc no ArcMap
2. Clique em Ferramentas de gestão de dados e expanda-as
3. Clique no conjunto de ferramentas de características
4. Clique em Adicionar coordenadas XY

- **Função de introdução:** arrastar a parcela para o ponto de canto

5. Clique em ok

✓ **Nota: Os** valores dos campos POINT_X e POINT_Y de saída baseiam-se no sistema de coordenadas do conjunto de dados e não no sistema de coordenadas da visualização do mapa. Para forçar os valores POINT_X e POINT_Y a estarem num sistema de coordenadas diferente do conjunto de dados de entrada, defina a saída. Se os pontos forem movidos após a utilização de Adicionar coordenadas XY, os seus valores PONTO_X e

PONTO_Y, e os valores PONTO_Z e PONTO_M - se presentes - devem ser recalculados executando novamente Adicionar coordenadas XY.

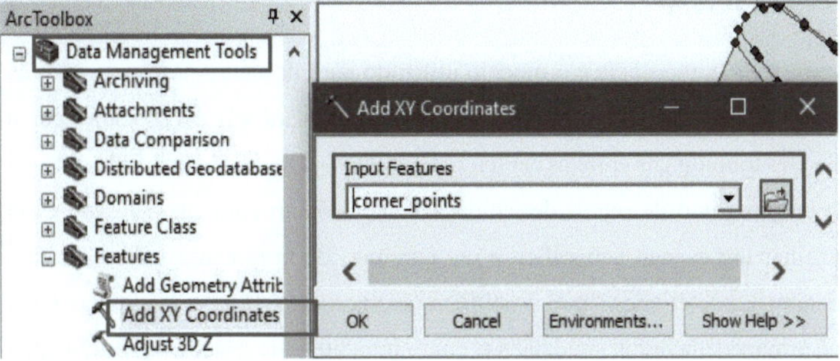

5 TOPOLOGIA

Na tecnologia GIS, a topologia é o modelo utilizado para descrever a forma como as características partilham a geometria e é também o mecanismo para estabelecer e manter relações topológicas entre as características. O ArcGIS implementa a topologia através de um conjunto de regras de validação que definem como as características podem partilhar um espaço geográfico e um conjunto de ferramentas de edição que trabalham com características que partilham geometria de forma integrada. Uma topologia é armazenada numa geodatabase como uma ou mais relações que definem a forma como as características de uma ou mais classes de características partilham a geometria.

5.1 Criação do modelo de dados de topologia

As topologias são criadas dentro de conjuntos de dados de características. Quando se cria uma topologia, é necessário especificar as classes de elementos geográficos do conjunto de dados de elementos geográficos que participam na topologia e definir as regras topológicas a que devem obedecer. Podem ser acrescentadas novas classes de caraterística à topologia em qualquer altura. Só as classes de elementos geográficos simples podem participar em topologias.

5.1.1 Criar uma nova topologia para a linha de limite da parcela e o polígono

Passos:

1. Navegue até Haraomaya_cadaster, ➜ , clique com o botão direito do rato no conjunto de dados da caraterística Kebele' x', aponte para Novo e clique em Topologia. É iniciado o assistente de Nova Topologia.

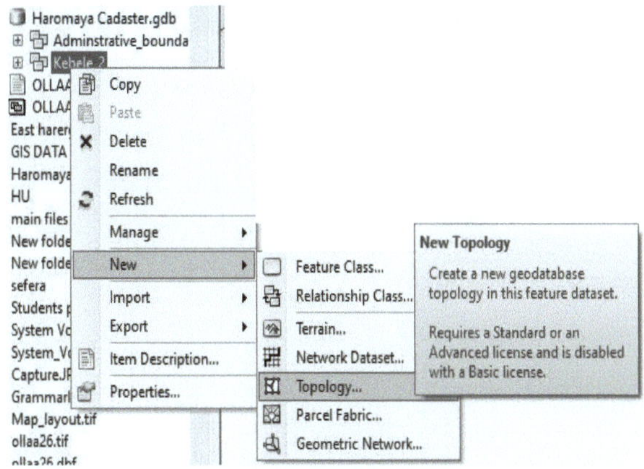

2. Leia as informações no primeiro painel e clique em Seguinte.

3. Dê um nome à nova topologia (Cadaster_Topology) e especifique a tolerância do agrupamento. O valor predefinido será definido com a tolerância x e y do conjunto de dados da caraterística. Um bom valor predefinido é 0,001 metros ou o seu equivalente nas unidades da sua referência espacial.

4. Clique em Seguinte.

5. Em seguida, seleccione as classes de características que participam na topologia (Parcel line Boundary e Parcel_Polygon). Ser-lhe-á apresentada uma lista de todas as classes de elementos geográficos do seu conjunto de dados de elementos geográficos.

6. Clique em Seguinte.

7. Definir as classificações de exatidão das coordenadas para cada classe de caraterística na topologia (adotar a predefinição).

8. Clique em Seguinte.

9. Adicione a série de regras de topologia que o ajudam a estruturar as relações espaciais entre as características e a controlar e validar a forma como as características partilham a geometria.

- Linha da parcela - Deve ser abrangida pelo limite de (polígono da parcela)
- Linha de parcelas - não deve sobrepor-se a si própria
- Linha de Parcelas - Não deve ser auto-intersectada
- Linha de encomendas - deve ser uma peça única
- Linha de Parcelas - Não deve intersectar ou tocar no interior
- O limite do polígono da parcela deve ser coberto pela (linha da parcela)

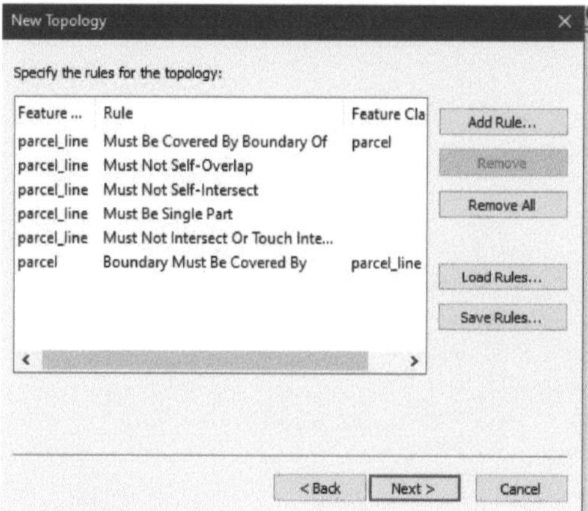

10. Clique em Seguinte.

11. Reveja o resumo e clique em Concluir.

- Já adicionou a nova topologia ao seu conjunto de dados de características. Ser-lhe-á perguntado se pretende validar a topologia no seu conjunto de dados de características. Se tiver dados nas suas classes de características, pode escolher.

12. Clique em Sim. A topologia é validada e aparece no conjunto de dados da caraterística.

5.2 Editar erros de topologia

Passos

1. Iniciar o ArcMap

2. Adicionar Cadaster_Topology ao ArcMap

3. Clique em Sim quando lhe for perguntado se pretende adicionar todas as camadas que participam na topologia. A camada de topologia e as características são adicionadas ao mapa.

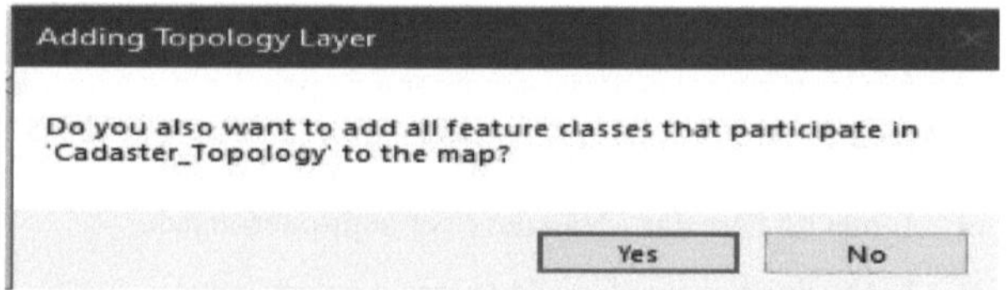

4. O próximo passo para tornar estes dados úteis é identificar os erros de topologia actuais.

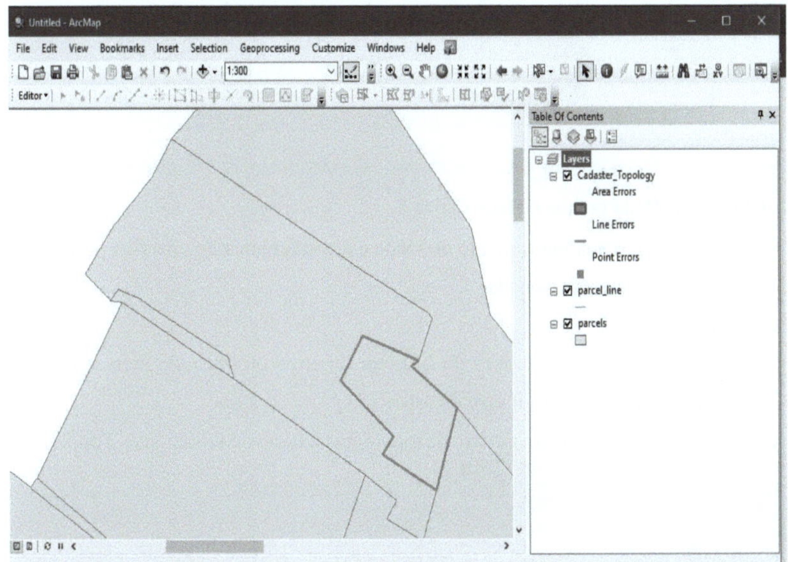

5. Clique em Editor e clique em Iniciar edição.

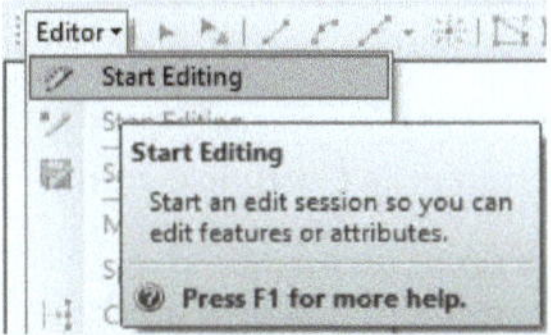

5. Clique na ferramenta Aumentar zoom.

6. Clique e arraste uma caixa à volta das características de erro a vermelho.

- Agora pode ver os três erros

7. Clique em Editor, aponte para Mais ferramentas de edição e clique em Topologia.

8. Clique no botão Inspetor de erros na barra de ferramentas Topologia.

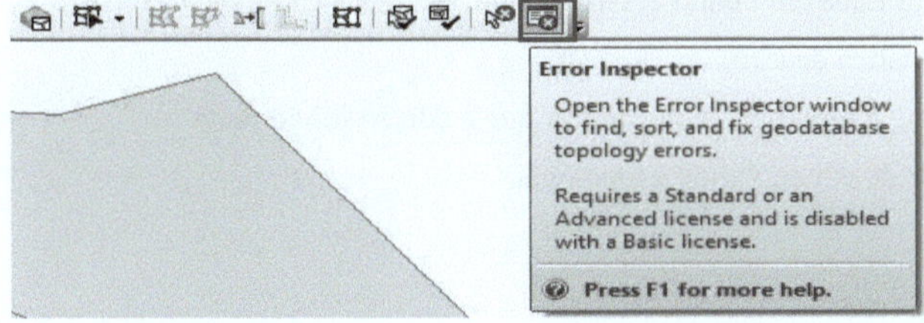

- O Inspetor de erros permite-lhe gerir e interagir com todos os erros de topologia no seu mapa.

9. Marque as caixas de verificação Erros e Apenas extensão visível.

10. Clique em Procurar agora.

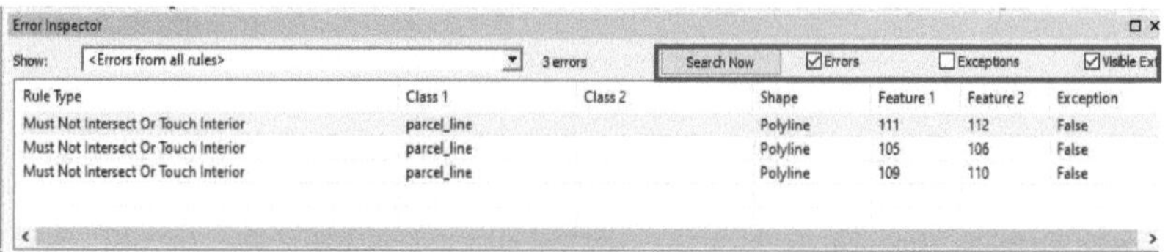

11. Clique em 46 na coluna Característica 1.

- A caraterística fica intermitente no mapa e a caraterística de erro fica preta para mostrar que está selecionada.

12. Zoom para o erro.

- Pode corrigir os erros através do Inspetor de erros ou clicando neles no mapa com a ferramenta Corrigir erro de topologia.

13. Clique na ferramenta Corrigir erro de topologia na barra de ferramentas Topologia.

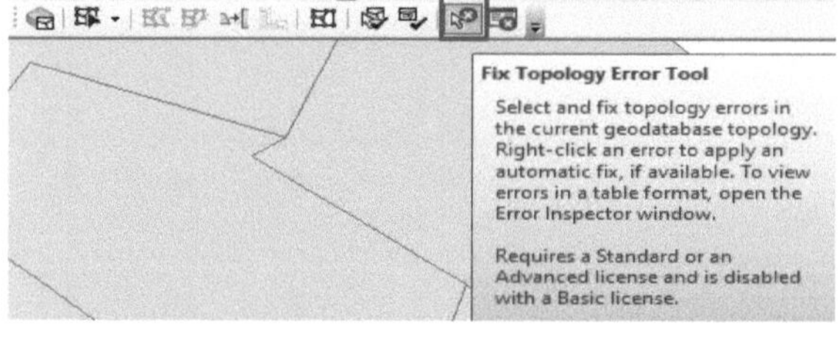

14. Clique no erro na lista do Inspetor de erros ou na ferramenta Corrigir erro de topologia para o clicar no mapa. O erro é desenhado a preto no mapa.

15. Clique com o botão direito do rato no erro na lista ou no mapa e clique numa das correcções disponíveis. As correcções listadas dependem do tipo de erro.

- **Por exemplo,** para corrigir um e r r o Não deve intersectar ou tocar no interior subtraindo para outra linha e também para a regra Não deve sobrepor-se fundindo um polígono sobreposto noutro polígono, clique com o botão direito do rato no erro, clique em Fundir e, em seguida, escolha a caraterística na qual fundir a caraterística de erro.

16. Valide novamente a topologia para garantir que a edição foi correcta.

17. Quando terminar de editar, valide a topologia.

6 GERAÇÃO DE UPIC PARA DADOS DE PARCELAS

A UPIC é um código atribuído a cada parcela do sistema Cadaster; cada parcela do sistema cadastral possui este código que a identifica de forma única.

6.1 Atribuição do código da parcela

A equipa de adjudicação atribui a todas as parcelas códigos de identificação únicos. A atribuição dos códigos é efectuada de NW para NE, SE e SW, em serpentina ou no sentido dos ponteiros do relógio. As parcelas inteiras ao nível do bloco têm uma codificação numérica consecutiva de 3 dígitos (001, 002, 003 ...).

✓ **Exceção**: no caso de fusão e divisão, o novo código de identificação da parcela é atribuído a seguir ao último código de identificação do bloco.

As UPIC são geradas com base na concatenação dos números da região, cidade, Kebele, bairro, quarteirão e parcela. Por exemplo, OR063022203003 pode ser uma UPIC para uma determinada parcela, enquanto OR representa a região de Oromia, 063 representa a cidade de Haramaya, 02 representa o kebele, 22 representa o bairro, 03 representa os blocos e 003 representa o número da parcela. Assim, UPIC = *código da região + código da cidade código do bairro código do bloco código da parcela* (2+3+2+2+2+3 respetivamente), Total 14 dígitos

6.1.2 Atribuição de código de parcela para condomínio/apartamento

Condomínio/ Apartamento código As unidades específicas do condomínio, os números de andar e de casa devem ser atribuídos separadamente, uma vez identificada a parcela (local do condomínio). É facilmente identificável através da indexação do condomínio àparcela de terreno. Código da unidade do condomínio (tipo= número; 2 dígitos). Código do andar do condomínio (tipo= número; 2 dígitos) Código do número da casa (tipo= número; 2 dígitos).

Exemplo: SN001062314012 05 02 01 =20 dígitos

6.1.3 Extração e atribuição de códigos para as estradas, rios, canais

Uma estrada ou um rio que atravesse o bairro da adjudicação será delineado cortando a estrada ou o rio onde a estrada ou o rio toca o limite do bairro da adjudicação. A estrada é delineada através do corte da estrada ou do rio, tendo em conta a largura da estrada, o tipo de estrada (asfalto, calçada, pista) e a direção (Oeste para Este, Norte para Este e Norte para Sul).

    ✓ **Exceção**: - quando a estrada atravessa o rio por uma ponte, então a estrada é cortada e o rio continua até ao fim do bairro.

As estradas, rios, canais e outros elementos aparecem com o primeiro código da parcela; depois a parcela adquire o código seguinte ao código atribuído ao elemento. A estrada que passa na parte norte do bairro aparece com o primeiro código (001). A codificação continuará de forma a que as parcelas recebam códigos consecutivamente. A estrada situada na direção norte, nordeste e este do quarteirão atribui o código desse quarteirão. A estrada situada na direção sul, sudoeste e oeste do quarteirão não pode receber esse código de quarteirão, a não ser que a estrada seja o limite final da unidade administrativa inferior ou da cidade/bairro.

Assim, para gerar a UPIC para cada parcela, é necessário seguir dois procedimentos importantes, que são

    (1) Crie os campos Região, Cidade, Kebele, Bairro, Bloco e Número de Parcela e preencha estes campos com os valores apropriados.

    (2) Geração d o s valores UPIC através da concatenação dos valores criados no procedimento anterior e utilizando o seguinte comprimento de caracteres para os campos acima.

Nome do campo	Comprimento	Tipo de dados
Código da região	2	Texto
Cidade	3	Texto
Kebele	2	Texto
Bairro	2	Texto
Bloco	2	Texto
Número da parcela	3	Texto
UPIC (Parcela)	14	Texto
Código da unidade do bloco do condomínio	2	Texto
Código do andar do condomínio	2	Texto
Código do número da casa	2	Texto
UPIC (parcela de terreno do condomínio)	20	Texto

✓ **Nota:** os números específicos das unidades do condomínio e das casas devem ser atribuídos separadamente, uma vez identificada a parcela (local do condomínio);

A. Codificação de parcelas e estradas em forma de relógioB   .   Codificação de parcelas e estradas em forma de serpentina

6.2   Geração dos valores UPIC de Parcelas

Passos:

1.   Na janela do ArcMap, iniciar a sessão de edição (i.e. Edit ➜ Start Editing)

2.   No índice, clique com o botão direito do rato em Parcels (Parcelas) do conjunto de dados Cadaster ➜ e seleccione Open Attribute Table (Abrir tabela de atributos)

3.   Clicar com o botão direito do rato no campo de atributos UPIC ➜ selecionar Calculadora de campos

4.   Na caixa de expressão:

5.   Na caixa Campos, faça duplo clique no campo [Região

6.   Clique no botão concatenar.

7.   Na caixa Campos, faça duplo clique no campo [Cidade

8.   Clique no botão concatenar ⬚

9.   Na caixa Campos, faça duplo clique no campo [kebele]

10.   Clique no botão concatenar ⬚

11. Na caixa Campos, faça duplo clique no [número do bairro, do bloco e da parcela, respetivamente] e no campo

12. Clique no botão concatenar 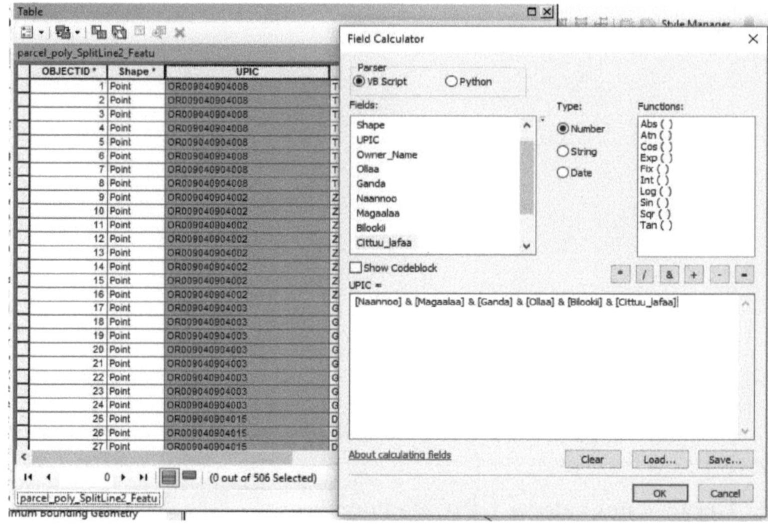 e

13. Clique em OK para concluir

7 GESTÃO DE ETIQUETAS

7.1 Ativar o motor de etiquetas maplex e adicionar a barra de ferramentas de etiquetagem

O mapa cadastral deve ter parcelas rotuladas com um número de parcela de duas partes, linhas de lote rotuladas com seu comprimento e ruas rotuladas com seus nomes. Agora, irá utilizar o Maplex Label Engine para completar a rotulagem. O primeiro passo para melhorar as etiquetas no seu mapa é iniciar o ArcMap e ativar o Maplex Label Engine. Por padrão, o ArcMap abre utilizando o Motor de Etiquetas Padrão. Deve definir o Maplex Label Engine como o motor de etiquetas para a estrutura de dados.

Passos:

1. Clique com o botão direito do rato no quadro de dados e clique em Propriedades do quadro de dados.

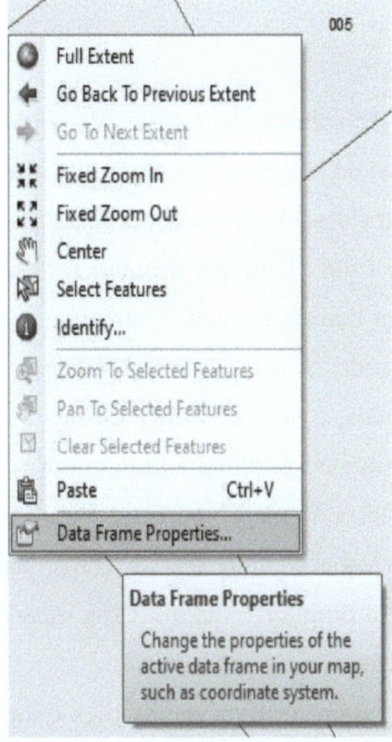

2. É apresentada a caixa de diálogo Propriedades do quadro de dados.

3. Clique no separador Geral.

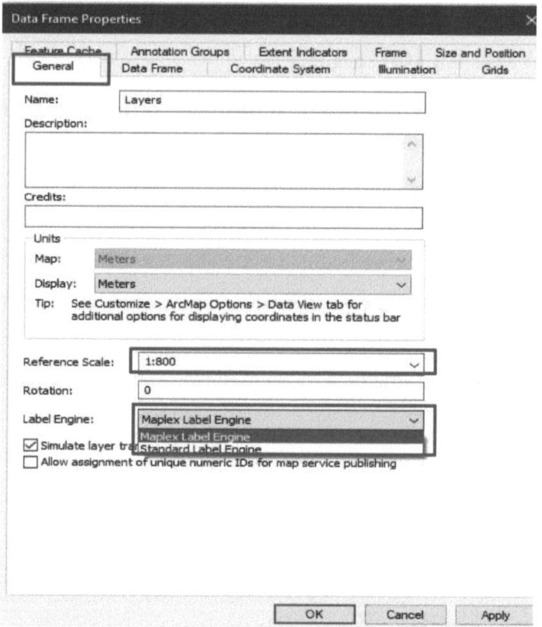

- Este mapa tem uma escala de referência de 1:800. Isto significa que, independentemente da escala atual do mapa, os tamanhos dos símbolos das características e dos tipos de letra desenhados no ecrã são escalados em relação ao seu tamanho à escala 1:800. Diminuir o zoom faz com que os símbolos e tipos de letra pareçam mais pequenos, e aumentar o zoom faz com que pareçam maiores. Quando se está a fazer um mapa que será impresso a uma determinada escala, é uma boa ideia definir a escala de referência antes de começar a etiquetar o mapa. Caso contrário, não terá uma ideia clara de como as etiquetas do mapa aparecerão quando o mapa for impresso; aparecerão mais etiquetas no mapa quando estiver a aumentar o zoom e menos quando estiver a diminuir o zoom. Com uma escala de referência, os rótulos funcionam mais como anotações.

4. Clique na seta do menu suspenso Label Engine e clique em Maplex Label Engine.
5. Clique em OK.

- O Motor de Etiquetas Maplex começa automaticamente a recalcular a colocação das etiquetas existentes no mapa. Algumas das etiquetas que estavam anteriormente visíveis poderão desaparecer e a formatação de

outras poderá ser alterada. As definições de colocação de etiquetas serão
ajustadas posteriormente para garantir que todas as etiquetas são colocadas
e formatadas de acordo com o desenho do seu mapa.

7.2   Adicionar a barra de ferramentas Etiquetagem

O Motor de Etiquetas Maplex ativa algumas ferramentas na barra de ferramentas de
Etiquetagem. Irá adicionar a barra de ferramentas de Etiquetagem ao ArcMap e utilizar
estas ferramentas para etiquetar o seu mapa.

Passos:

1. Clique em Personalizar ➔   Barras de ferramentas e clique em Etiquetagem.

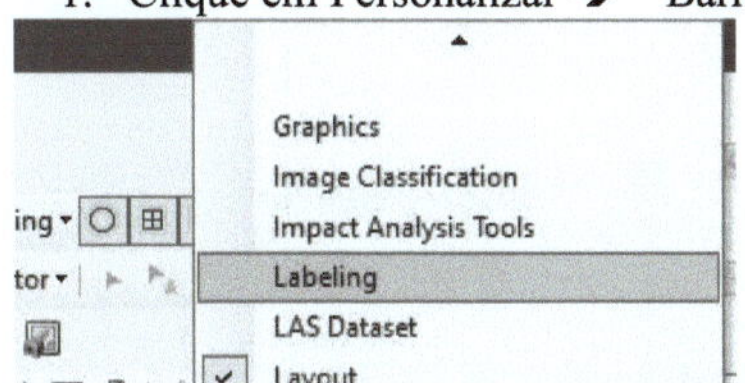

2. Uma vez que o Motor de Etiquetas Maplex foi ativado, todos os itens da barra
   de ferramentas de Etiquetagem estão activos. Pode acoplar a barra de
   ferramentas à janela do ArcMap, ou pode deixá-la a flutuar.

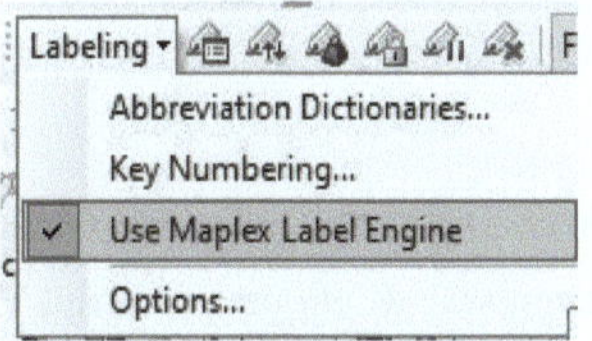

7.3   Etiquetagem dos limites das parcelas com o seu comprimento

Para rotular os limites da parcela com o seu comprimento, utilizando os parâmetros
de colocação de linhas do Maplex Label Engine. Os perímetros dos polígonos das
parcelas devem ser etiquetados com o comprimento dos limites das parcelas. Para
tornar estas etiquetas facilmente legíveis, o texto deve ser alinhado e ligeiramente
deslocado do símbolo da linha. As linhas de lote entre as parcelas são armazenadas
numa classe de caraterística de linha separada. Nesta secção, os limites das parcelas
serão etiquetados com o seu comprimento.

7.3.1   Definir o campo de etiqueta como LENGTH

Passos:

1. Clique no botão Gestor de Etiquetas na barra de ferramentas Etiquetagem para

abrir a caixa de diálogo Gestor de Etiquetas.

2. Seleccione a caixa junto à camada Parcelas para ativar a etiquetagem desta camada.

3. Clique na classe de etiqueta predefinida sob a camada Linha de parcelas

4. Clique em Expressão.

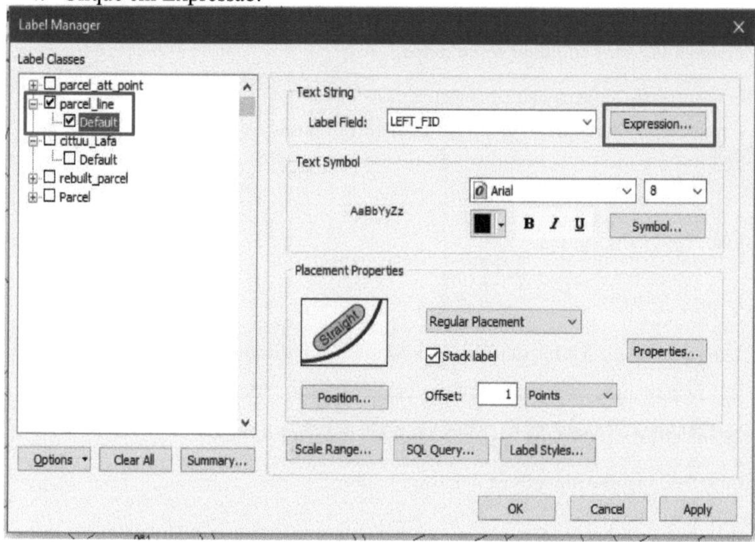

5. Uma vez que o valor predefinido da precisão do comprimento da forma é 6, pode defini-lo com três casas decimais utilizando a expressão de etiqueta do script VB e pode também definir a sua unidade de medida (m) para o comprimento e a largura da parcela;

❖ Arredondar ([comprimento da forma],2)& "m"

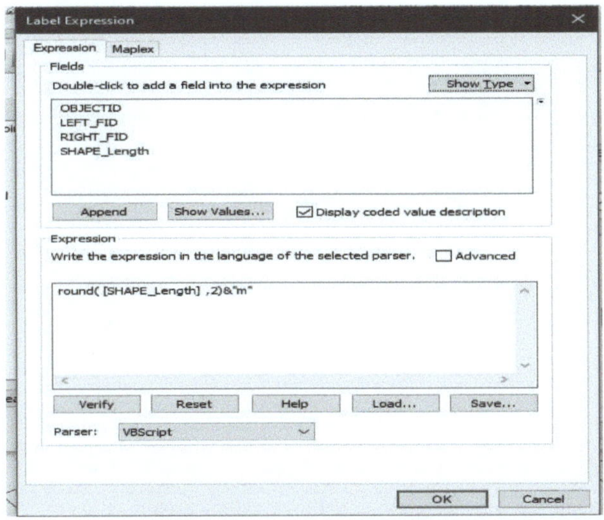

- **Nota:** Pode guardar este ficheiro .xlp da expressão e utilizá-lo mais tarde

10. Clique em ok

7.3.2 *Alinhamento das etiquetas com as linhas da parcela*

De acordo com a especificação do mapa do avaliador, as etiquetas para as linhas das parcelas devem estar alinhadas com as linhas. Certificar-se-á de que a posição da etiqueta está alinhada com as linhas.

Passos:

1. Clique em Propriedades.

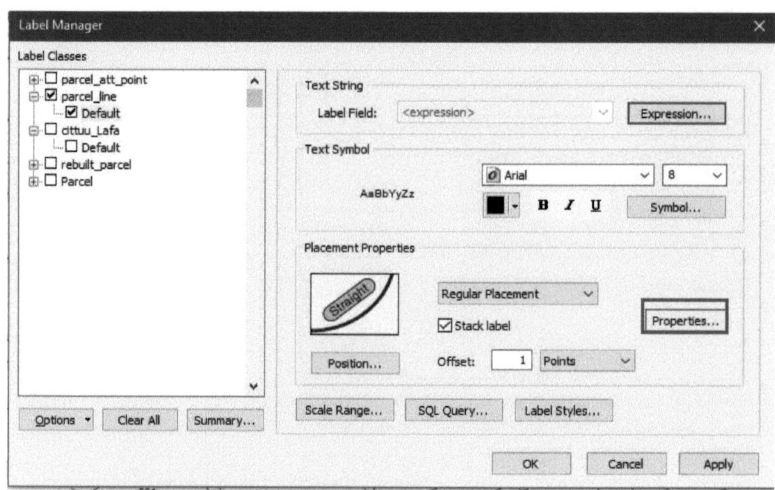

2. Clique no separador Posição da etiqueta.

3. Clique em Posição.

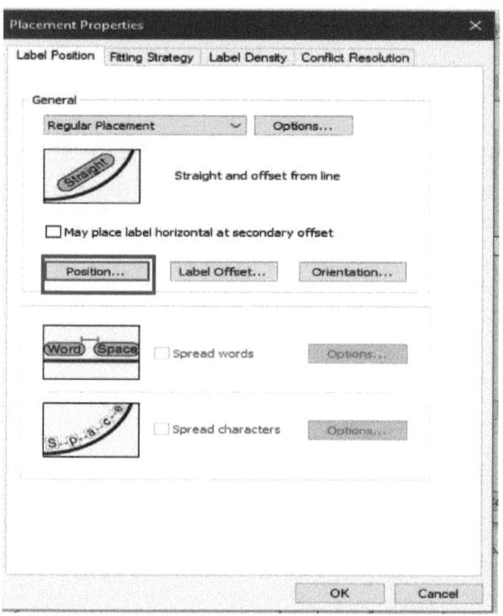

4. Aparece a caixa de diálogo Opções de posição.

- Existem diferentes opções de posição disponíveis para características de ponto, linha e polígono. Como está a etiquetar as linhas da parcela, vê as opções de posição da etiqueta disponíveis para características de linha.

5. Clique em Offset Straight.

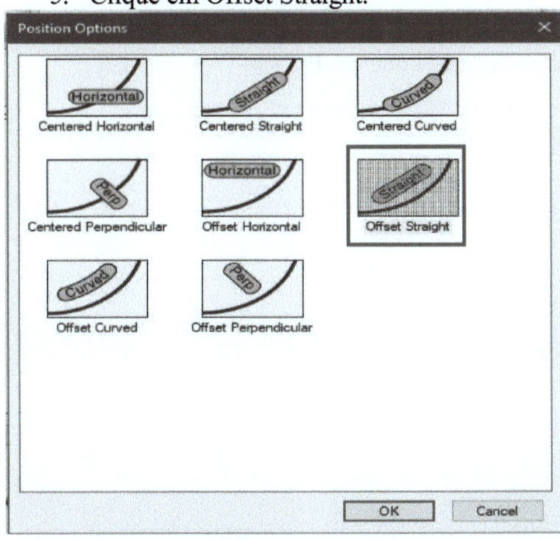

6. Clique em OK.

- As etiquetas das linhas das parcelas ficam agora alinhadas com as linhas.

7.3.3 Deslocação de etiquetas das linhas de parcelas

Para facilitar a leitura dos comprimentos das linhas, as etiquetas devem ser ligeiramente deslocadas das linhas das parcelas.

Passos:

1. Clique em Deslocação da etiqueta.

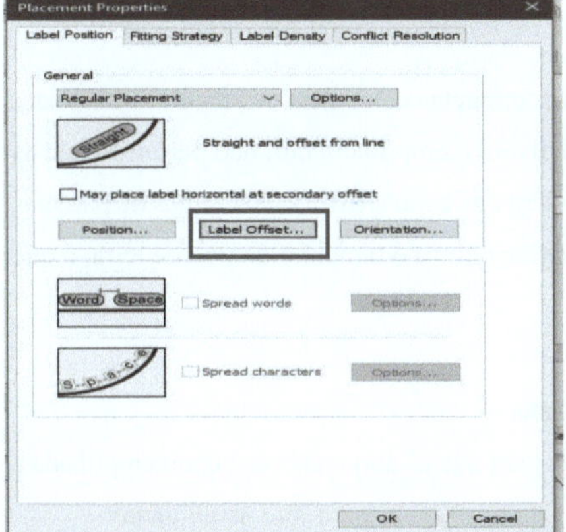

2. Aparece a caixa de diálogo Deslocação da etiqueta.

3. Pode definir deslocamentos a uma distância de uma linha e do fim de uma linha.

   - Para este mapa, pretende que as etiquetas sejam deslocadas das linhas em 1 ponto.

4. Digite 1 na caixa de texto Desvio.

5. Clique na seta pendente da unidade e clique em Pontos.

6. Clique na seta pendente Constrain Offset e clique em Above Line.

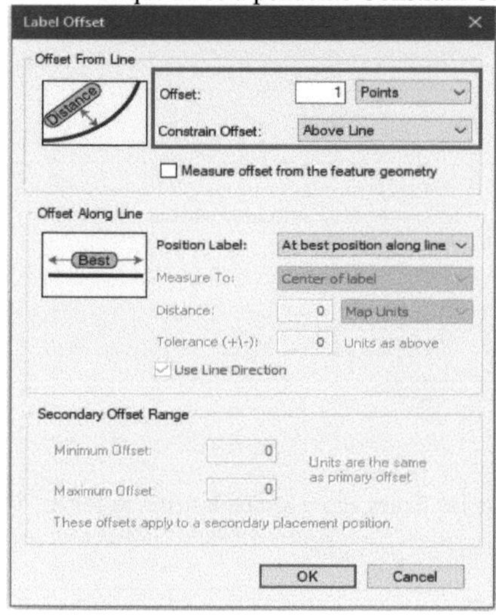

7. Clique em OK.

   - As etiquetas das linhas de parcelas serão colocadas 1 ponto acima das linhas.

7.3.4 *Ajustar as estratégias de ajuste de etiquetas para linhas de parcelas*

Agora que já definiu o posicionamento das etiquetas das linhas de parcelas, irá ajustar a estratégia de ajuste das etiquetas. Desactivará o empilhamento, não permitirá que as etiquetas se estendam ligeiramente para além das características das linhas de parcelas curtas e permitirá que o Maplex Label Engine reduza o tamanho do tipo de letra, o que lhe permitirá colocar mais etiquetas.

Passos:

1. Clique no separador Estratégia de ajuste.

2. Desmarque a caixa Empilhar etiqueta para que as etiquetas não sejam empilhadas.

3. Desmarque a caixa da caraterística Ultrapassagem para que as etiquetas

não se estendam para além das extremidades das linhas das parcelas.

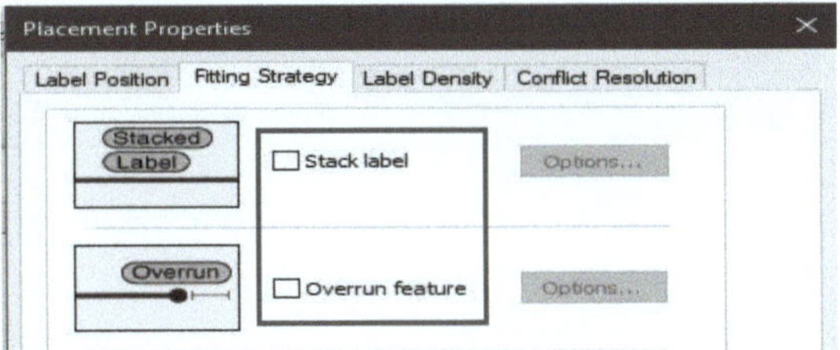

4. Seleccione a caixa Reduzir o tamanho do tipo de letra.

5. Clique em Opções.

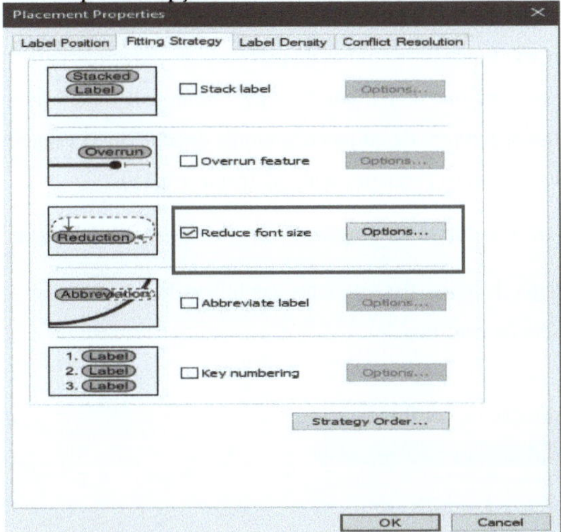

6. Digite 5 na caixa de texto Lower Limit (Limite inferior) para definir o limite inferior do tamanho da fonte para as etiquetas das linhas de parcelas.

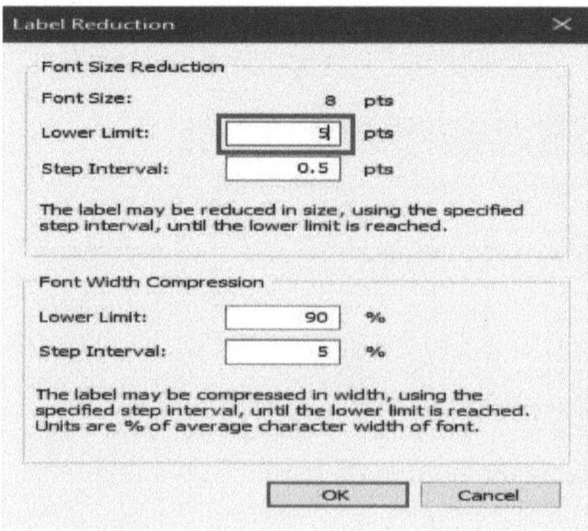

7. Clique em OK.

    - Quando necessário, as etiquetas das linhas de parcelas são reduzidas para 5 pontos a partir do seu tamanho de letra de base de 7 pontos. Isto permite a colocação de um maior número de etiquetas maiores onde há mais espaço disponível e de etiquetas mais pequenas onde há menos espaço.

7.3.5 *Ajustar a estratégia de resolução de conflitos para as linhas de parcelas*

Agora que já definiu a estratégia de ajuste das etiquetas das linhas de parcelas, vai ajustar a estratégia de resolução de conflitos.

Passos:

1. Clique no separador Resolução de conflitos.

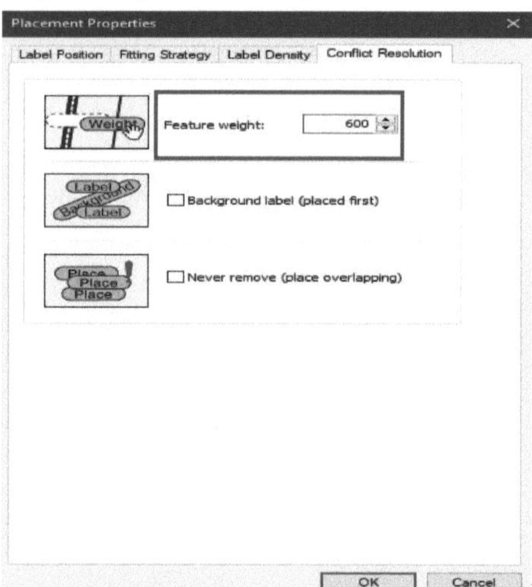

2. Introduza 600 na caixa de texto Peso da caraterística.

- Trata-se de um valor de ponderação intermédio que, em geral, evita que as etiquetas se sobreponham às características da linha da parcela, a menos que características com maior ponderação bloqueiem as outras posições.

3. Clique em OK.

- Terminou de definir os parâmetros de etiquetagem das características da linha de parcelas; estas estão agora colocadas de acordo com os requisitos do mapa Cadaster. Os perímetros das linhas de parcelas são agora marcados com o comprimento dos limites das parcelas.

7.4 Etiquetagem das parcelas com UPIC e Área

Em primeiro lugar, irá rever os requisitos de etiquetagem do mapa e utilizar o Motor de Etiquetas Maplex para etiquetar as características de acordo com as especificações cadastrais. Duas informações, um número de série e um número de parcela, devem ser exibidas no mapa para cada parcela. Estas informações são armazenadas em dois campos diferentes da tabela de atributos da parcela e, para efeitos de etiquetagem, são concatenadas utilizando uma expressão de etiqueta simples. Uma vez que toda a informação é numérica, as partes da etiqueta devem ser empilhadas de modo a que cada número seja colocado na sua linha onde possa ser claramente identificado. Quando mudou para o Motor de Etiquetas Maplex, muitas das etiquetas foram empilhadas para as encaixar no mapa. Irá alterar as opções de etiquetagem de modo a que todas as etiquetas fiquem empilhadas.

7.4.1 Visualizar a expressão do rótulo da camada Parcelas

Passos:

1. Clique no botão Gestor de Etiquetas na barra de ferramentas Etiquetagem para abrir a caixa de diálogo Gestor de Etiquetas.

2. Clique na classe de etiqueta predefinida sob a camada Parcelas.

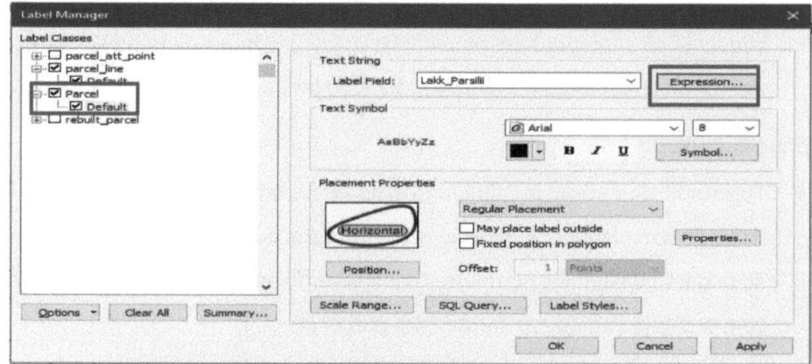

- A caixa de verificação junto à camada Parcelas está marcada, uma vez que a camada foi guardada com a etiquetagem activada. Se estivesse a começar a etiquetar uma nova camada, teria de marcar esta caixa. O método de colocação de etiquetas está definido para etiquetar todas as características da mesma forma. Neste exercício, irá utilizar este método para etiquetar a camada. Se pretender adicionar uma classe de etiqueta a esta camada, clique na camada Parcelas, escreva um nome para a nova classe de etiqueta na caixa Introduzir nome da classe e, em seguida, clique em Adicionar. A adição de classes de etiquetas permite-lhe etiquetar subconjuntos de características numa camada de forma diferente.

3. Clique em Expressão.

  1. Use o script VB a seguir para rotular a UPIC e a área da parcela ao mesmo tempo.

  ❖ [UPIC]&vbcrlf&"Area:"&[SHAPE_Area]

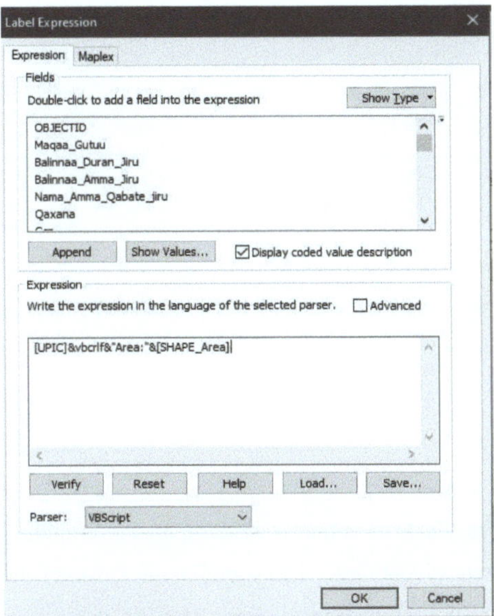

4. Clique em OK.

7.4.2 *Empilhar as etiquetas das encomendas*

Os requisitos do seu mapa indicam que, para além de estarem separadas por um espaço, as duas partes da etiqueta da parcela devem ser empilhadas. Quando mudou para o Maplex Label Engine, muitas das etiquetas foram empilhadas para caberem dentro das parcelas, embora as etiquetas em parcelas maiores possam não ter sido empilhadas. Agora, irá forçar todas as etiquetas a serem divididas e empilhadas no carácter de espaço.

Passos:

1. Clique em Propriedades.

   - É apresentada a caixa de diálogo Propriedades de colocação. Esta caixa de diálogo tem quatro separadores que variam em aparência, dependendo se está a etiquetar uma camada de ponto, linha ou polígono. Estes separadores permitem-lhe controlar a forma como o Motor de Etiquetas Maplex coloca as etiquetas.

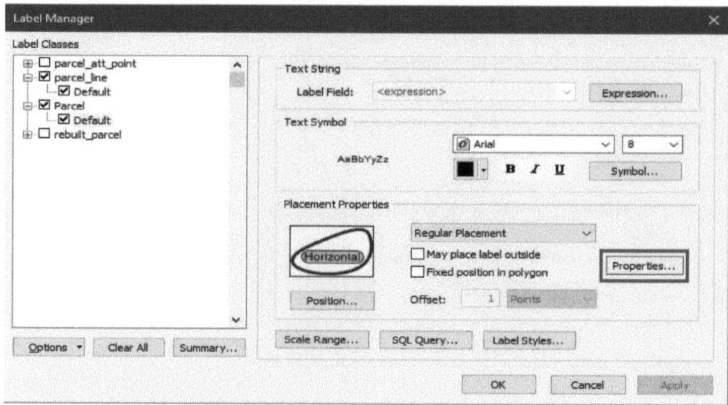

2. Clique no separador Estratégia de ajuste.

✓ **Nota**: a primeira estratégia de ajuste de etiquetas neste separador, Empilhar etiquetas, está selecionada por predefinição. Isto significa que o Motor de Etiquetas Maplex tentará tornar as etiquetas mais compactas, dividindo-as e empilhando-as em duas ou mais linhas quando o espaço for um problema.

2. Clique em Opções para alterar as opções de empilhamento de etiquetas.

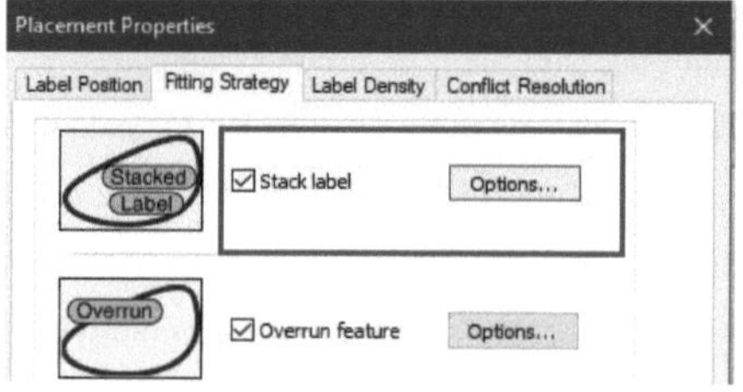

3. É apresentada a caixa de diálogo Opções de empilhamento de etiquetas.

- Esta caixa de diálogo permite-lhe controlar a forma como as linhas empilhadas dentro da etiqueta são alinhadas, que caracteres serão utilizados para dividir as linhas, onde a divisão deve ocorrer relativamente aos caracteres de empilhamento e se os caracteres de empilhamento devem ser visíveis na etiqueta. Também lhe permite controlar se o empilhamento ocorre apenas quando o espaço é um problema ou sempre que um carácter de empilhamento é encontrado na etiqueta. Finalmente, permite-lhe controlar a forma geral da etiqueta empilhada, especificando o número de linhas e o número mínimo e máximo de caracteres por linha na etiqueta.

- A tabela Separadores de Empilhamento mostra todos os caracteres de empilhamento que o Maplex Label Engine utilizará para dividir e empilhar etiquetas. Por defeito, podem ser utilizados dois caracteres, um espaço e uma vírgula para dividir uma etiqueta. A lista de Separadores de Empilhamento pode ser alterada adicionando e removendo caracteres da tabela. É possível especificar, para cada carácter da lista, se este irá sempre dividir uma etiqueta, marcando a opção Divisão forçada. Espaço é o primeiro separador de empilhamento na lista padrão e é o que você deseja usar para dividir e empilhar as etiquetas de pacotes.

4. Clique em Divisão forçada.

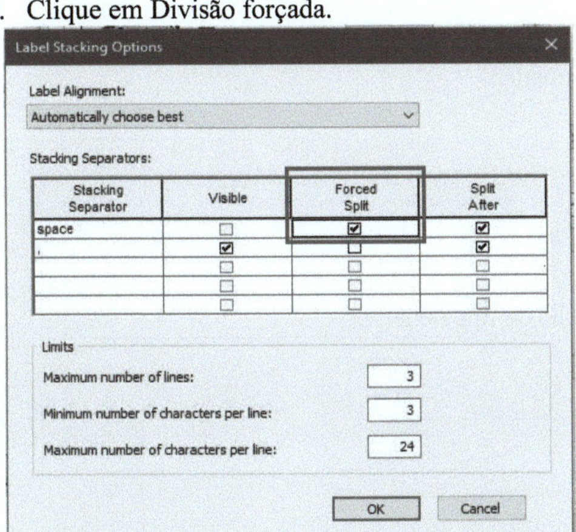

- Todas as etiquetas serão automaticamente divididas e empilhadas no carácter de espaço. Se uma etiqueta contiver o outro carácter de empilhamento, pode também ser dividida nesse carácter se isso facilitar a colocação da etiqueta ou dos seus vizinhos.

5. Clique em OK.

7.4.3 *Fazer com que todas as etiquetas das encomendas caibam nas encomendas*

Para evitar ambiguidade sobre quais rótulos pertencem a quais parcelas, os rótulos devem caber dentro das parcelas. O cadastro trabalha com mapas impressos em escalas variáveis. Este mapa já tem uma escala de referência fixada em 1:800, pelo que as fontes e os símbolos do mapa são desenhados de forma a que o seu tamanho seja correto quando impresso a 1:800. Muitas das parcelas, quando representadas a esta escala, são demasiado pequenas para conter as etiquetas no seu tamanho de letra atual. Para permitir que as etiquetas destas parcelas sejam colocadas, deixará que o

Motor de Etiquetas Maplex reduza o tamanho do tipo de letra das etiquetas, quando necessário, para as encaixar nas parcelas.

Passos:

1. Desmarque a função Ultrapassagem.

   - As etiquetas já não podem ultrapassar os limites dos polígonos. No entanto, isto cria um novo problema: algumas das etiquetas são maiores do que os polígonos à escala 1:1.200. Agora que não podem ultrapassar os polígonos, estas etiquetas não serão colocadas. Para as colocar, terá de permitir que o Motor de Etiquetas Maplex reduza o seu tamanho.

2. Verificar Reduzir o tamanho do tipo de letra.
3. Clique em Opções.

   - O tamanho de letra atual é apresentado na parte superior da caixa de diálogo Redução de Etiquetas. Neste caso, é de 12 pontos. O tamanho do tipo de letra pode ser reduzido de 3 a 9 pontos, em incrementos de meio ponto. Também permite que a largura do tipo de letra seja comprimida para três quartos da sua largura original.

4. Digite 9 na caixa de texto Limite inferior em Redução do tamanho da fonte.
5. Digite 75 na caixa de texto Limite inferior para Compressão da largura da fonte.

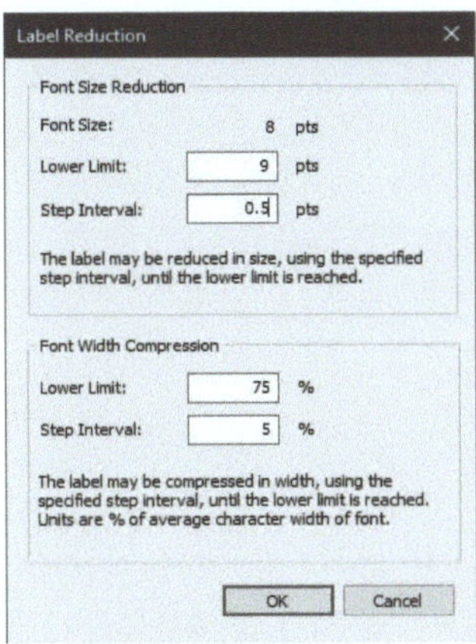

6. Clique em OK.

- As etiquetas serão colocadas no interior dos pacotes e reduzidas ligeiramente de tamanho quando o espaço for limitado.

7.4.4 Definir a ponderação da prioridade das encomendas e etiquetas

O Motor de Etiquetas Maplex começa por colocar etiquetas em áreas vazias do mapa. Por vezes, devido a restrições de espaço, as etiquetas têm de se sobrepor às características. Pode controlar quais as etiquetas que têm prioridade de colocação e como as etiquetas podem sobrepor-se às características, definindo pesos.

Passos:

1. Clique no separador Resolução de conflitos.

2. Escreva 0 na caixa de texto Peso da caraterística interior.

- Um peso de 0 significa que o espaço cartográfico utilizado por essa caraterística ou etiqueta pode ainda ser considerado disponível para outras etiquetas ou características do mapa.

4. Tipo 600 para o peso da caraterística de fronteira.

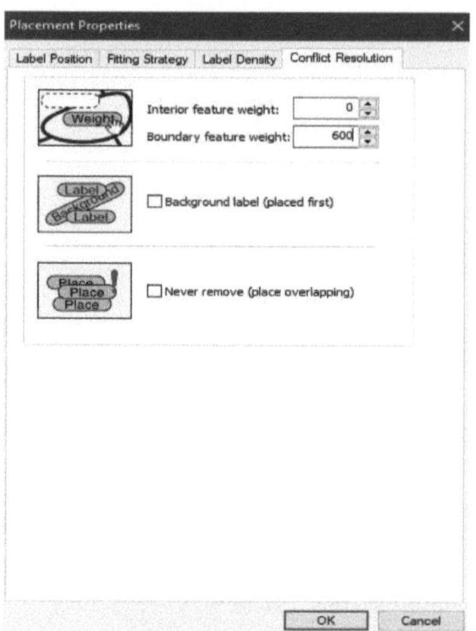

- Uma etiqueta ou elemento com um peso de 1.000 não pode ser sobreposto. Um peso de 600 é um valor intermédio que tenderá a evitar que as etiquetas se sobreponham aos limites da parcela. Se uma etiqueta tiver de se sobrepor a uma caraterística ou etiqueta, o Motor de Etiquetas Maplex optará por sobrepor a caraterística ou etiqueta com o peso mais baixo.

4. Clique em OK.

5. Clique em OK.

8 RECOLHA DOS SEUS DADOS

8.1 Exportação de tabelas

É possível exportar registos de uma tabela para criar uma nova tabela. Num mapa cadastral, pode querer modificar uma tabela sem alterar os registos originais, partilhar a tabela como um dado básico para o sistema de ficheiros, e é útil para criar uma fusão de correio para um conjunto de registos.

Passos:

1. Clique com o botão direito do mouse na camada Parcelas no índice e selecione Abrir tabela de atributos.

2. Clique no botão Opções de tabela.

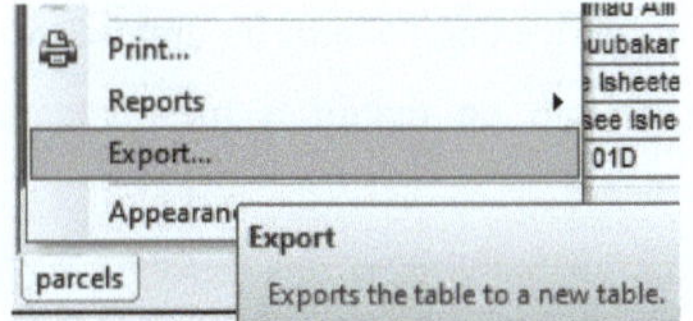

3. Clique em Exportar.

- Pode escolher entre vários formatos para exportar, incluindo dBASE, INFO ou tabelas de geodatabase. Pode exportar registos seleccionados ou todos os registos de uma tabela para criar uma nova tabela.

4. Clique na seta Exportar na caixa de diálogo Exportar dados e escolha a opção Registos seleccionados ou Todos os registos.

- A opção Registos seleccionados só está disponível se estiverem seleccionados registos na tabela que pretende exportar.

5. Clique no botão Procurar e navegue até à pasta onde pretende colocar os dados exportados.

6. Clique na seta Guardar como tipo e clique no formato para o qual pretende exportar os dados.

7. Escreva um nome para a tabela exportada.

8. Clique em Guardar.

9. Clique em OK.

8.2 Conversão de tabela para Excel

Passos:

1. Abrir a caixa de ferramentas Arc no ArcMap

2. Clique em ferramentas de conversão e expanda-as

3. Clique no conjunto de ferramentas do Excel

4. Clique em Tabela para Excel

   - **Elemento de entrada:** Tabela de parcelas

   - **Classe de caraterística de saída:** Parcel_Data

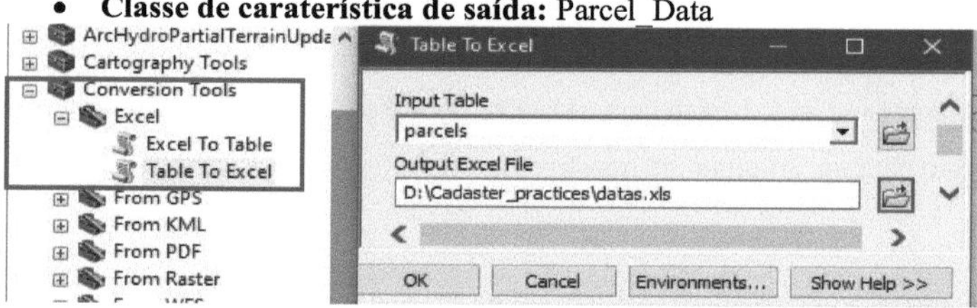

8.3 Fusão de correio

A fusão de correio é uma funcionalidade útil que incorpora dados do Microsoft Word e do Microsoft Excel e permite-lhe criar vários documentos de uma só vez, como cartas, poupando-lhe o tempo e o esforço de redigir a mesma carta repetidamente.

Depois de converter as informações sobre os atributos para um livro Excel, a primeira coisa a fazer é eliminar os cabeçalhos desnecessários de cada campo, exceto *Maqaa Guutuu Abbaa Qabiyyee (nome do proprietário da parcela)*, *Koodii addaa cittuu lafaa (UPIC)* e *Bal'ina Iddoo (área)*

   ✓ **Nota:** Os cabeçalhos dos campos (ou seja, *Magaa Guutuu (Nome)*, *Koodii Addaa (UPIC)* e *Bal'ina (Área))* são rotulados separadamente para que possa filtrá-los alfabeticamente, se necessário.

Passos:

1. Prepare a sua carta no Microsoft Word. Ao criar uma carta, é aconselhável inserir um espaço reservado onde serão colocadas as informações da mala direta, ou seja, *Maqaa Guutuu Abbaa Qabiyyee (Nome do proprietário da parcela)*, *Koodii addaa cittuu lafaa (UPIC)* e *Bal'ina Iddoo (Área)* m² e o campo do utilizador que for necessário.

2. Em "Mailings" no Microsoft Word, clique em "Select Recipient Wizard" (Assistente de seleção de destinatários).

3. Clique em Utilizar uma lista existente (desenvolvemos um formulário em Word)

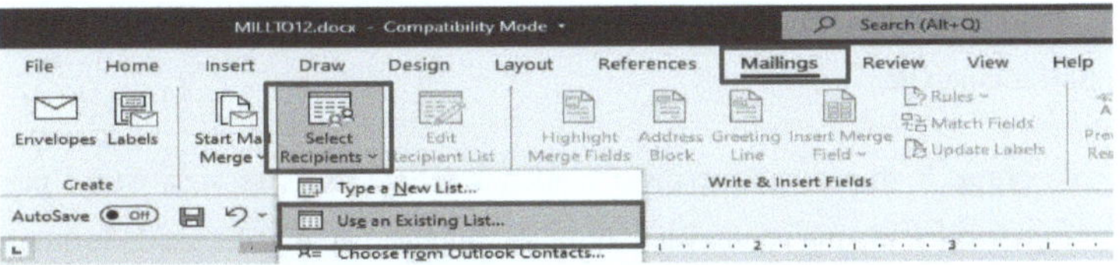

4. A adição criou uma folha de cálculo Excel (tabela de atributos exportada)

5. Clique na folha destacada

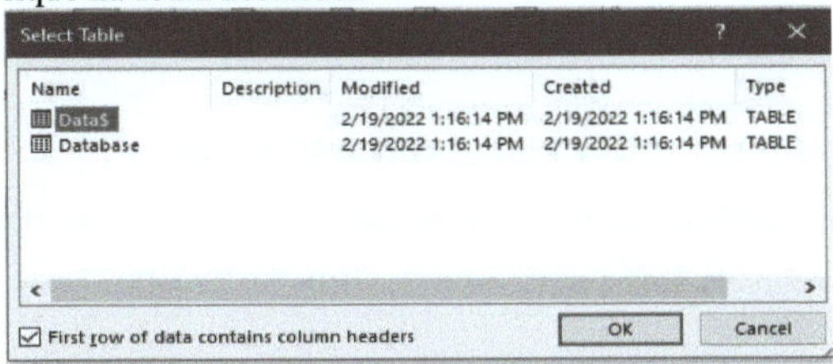

6. Clique em Inserir campo de fusão para adicionar um campo da sua lista de destinatários ao documento.

7. Em seguida, faça corresponder o cabeçalho da folha de cálculo do Excel com o MS Word a partir de ***Maqaa Guutuu Abbaa Qabiyyee (Nome do proprietário da parcela)***, ***Koodii addaa cittuu lafaa (UPIC)*** e ***Bal'ina Iddoo (Área)***; quando terminar a fusão de correio, o Word substituirá estes campos pelas informações reais da lista de destinatários.

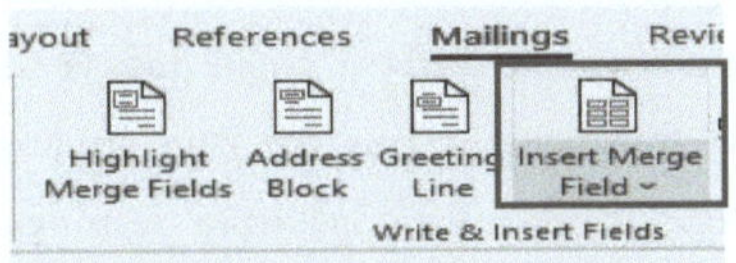

8. Clique em Realçar campos de fusão e coloque a negrito.

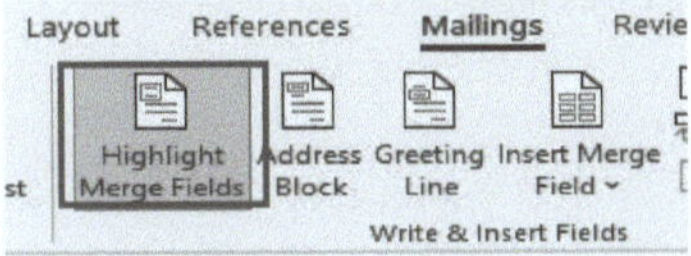

9. Em seguida, vá para "pré-visualizar as suas cartas". A partir daí, as informações da base de dados terão preenchido a sua carta.

- Deverá ser possível percorrer as informações introduzidas para se certificar de que os endereços e os montantes estão correctos. Se estiver satisfeito, clique em "Concluir a fusão" e, em seguida, expanda o Assistente de conclusão da fusão e clique em Imprimir documento (pode imprimir todos os registos clicando no botão de opção em imprimir registos, ou pode também imprimir os registos actuais ou imprimir as páginas pretendidas).

10. Seleccione **Ok.**

✓ **Nota**: É importante verificar cuidadosamente todas as suas cartas para se certificar de que não existem erros de digitação ou problemas de formatação, especialmente na própria carta. Pode utilizar a fusão de correio para criar cartas, etiquetas de correio, e-mails, crachás de identificação, etc. Também é possível guardá-la num PDF se tiver um conversor de PDF.

8.4 Usando a consulta para exibir categorias selecionadas

Será elaborado um mapa cadastral para cada uma das parcelas; para o efeito, é necessário apresentar cada parcela uma a uma, ou seja, OR063012203007 (UPIC)

Passos:

1. Adicionar Parcel ao seu ecrã
2. Clique com o botão direito do rato na parcela e seleccione Abrir tabela de atributos.
3. Rever os campos de atributos no quadro. Verificará que o campo UPIC é codificado com números
4. Fechar a tabela de atributos.
5. Faça duplo clique em Parcelas para abrir a janela PROPRIEDADES.
6. Ir para o separador DEFINITION QUERY e clicar em QUERY BUILDER.
7. Clique duas vezes em UPIC, clique uma vez no sinal (=), clique duas vezes no separador Obter valores únicos e, finalmente, clique em para produzir a instrução SQL UPIC = 'OR063022202006'. Esta instrução restringe as parcelas que aparecem na visualização do mapa apenas aos registos em que o valor UPIC é igual a 'OR063022202006', e esses registos de parcelas não serão seleccionados.

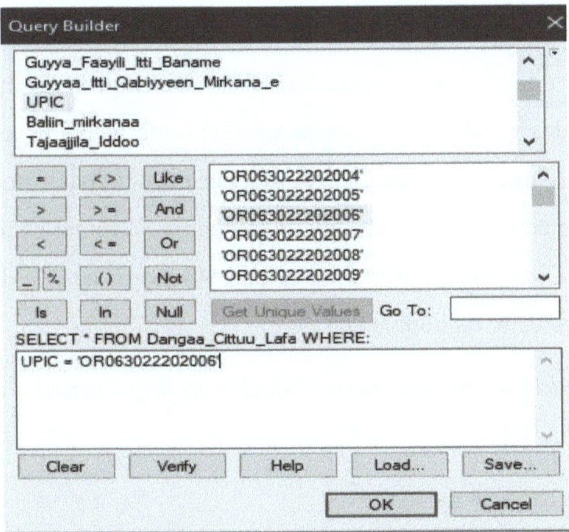

8. Clicar em OK no QUERY BUILDER e novamente em OK no QUERY DEFINITION

8.5 Preparar o esquema do mapa

8.5.1 Quadro de dados

O quadro de dados fornece a visualização principal da informação geográfica como uma série de camadas de mapas. Tem uma extensão geográfica e uma projeção de mapa para apresentação. O documento ArcMap fornece-lhe um quadro de dados quando abre o documento. No entanto, pode adicionar um quadro de dados para criar um mapa de localização ou de índice no seu layout de mapa. É dentro desta área que o mapa será produzido.

Passos:

1. Clique em View (Ver) na barra de menus e seleccione Layout View (Vista do esquema).

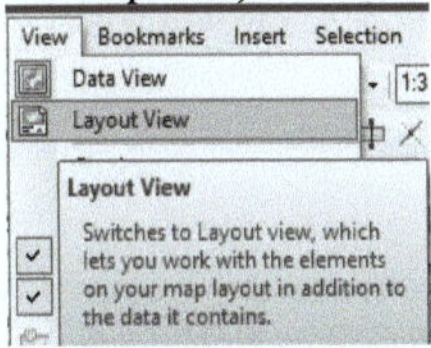

2. Clique no menu Inserir na barra de menus

3. Clique em Quadro de dados para que o quadro de dados seja apresentado

   ✓ **Nota:** se tiver mais do que um quadro de dados no ArcMap, seleccione o quadro de dados em que pretende trabalhar. Ou clique com o botão direito do rato no quadro de dados que pretende trabalhar na tabela de contents☐Click Activate

8.6   Preparar o esquema do mapa (com base no nosso interesse)

Um layout de mapa é uma ferramenta de visualização do ArcMap. Pode utilizar o layout do mapa para produzir um mapa compreensível, adicionando todos os elementos do mapa (Escala, Título, Legenda, Seta Norte, etc.). Ao preparar um layout de mapa, tem duas opções: uma é utilizar o seu layout, e a outra é utilizar os modelos existentes. No primeiro caso, antes de começar a produzir um mapa, tem de definir o tamanho da página e a propriedade da impressora.

8.6.1   Definir o tamanho da página e as propriedades da impressora

Passos:

1. Clique em Ficheiro na barra de menus
2. Clicar na página e na configuração da impressora

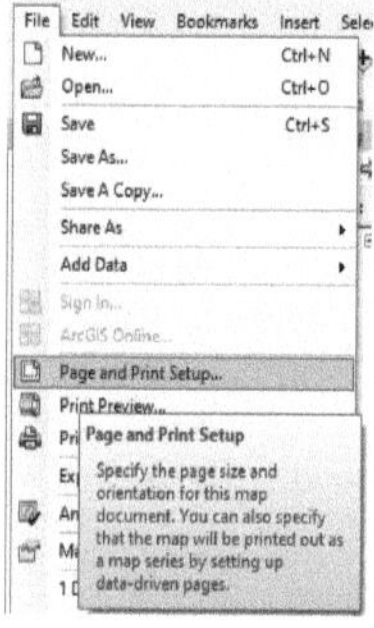

3. Seleccione o nome da impressora ou utilize o formato predefinido Microsoft PDF para guardar os resultados em PDF.
4. Selecionar o tamanho do papel ➜   A4
5. Selecionar a orientação ☐portrait
6. Para o tamanho da página do mapa, Desmarcar utilizar a definição de página da impressora
7. Defina o tamanho do papel ➜   A4 e a orientação ☐portrait.
8. Verificar a escala proporcional do elemento do mapa.

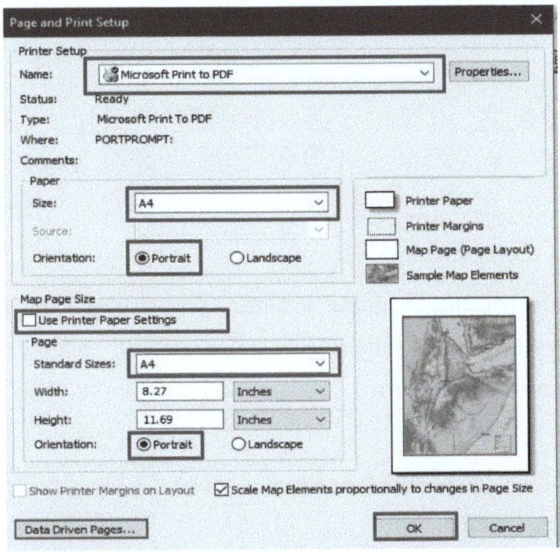

9. Clique em OK

8.6.2 *Redimensionar e remodelar o esquema do mapa*

Passos

1. Clique no separador Inserir e clique num objeto

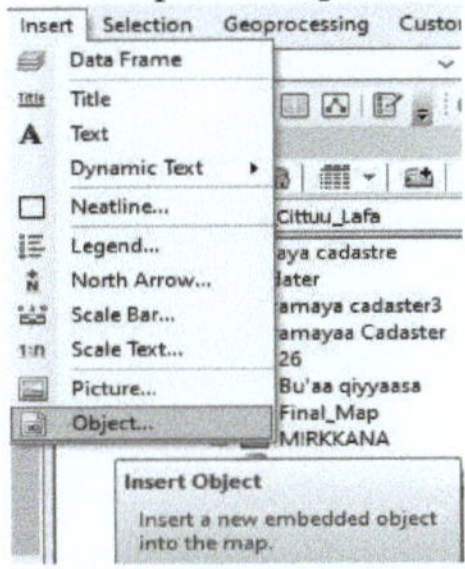

2. No separador Inserir objeto, seleccione Criar a partir de um ficheiro (formato de fusão de correio desenvolvido no MS Word).

3. Clique no botão Procurar e seleccione (formato de fusão de correio desenvolvido no MS Word).

4. Verificar o botão de ligação.

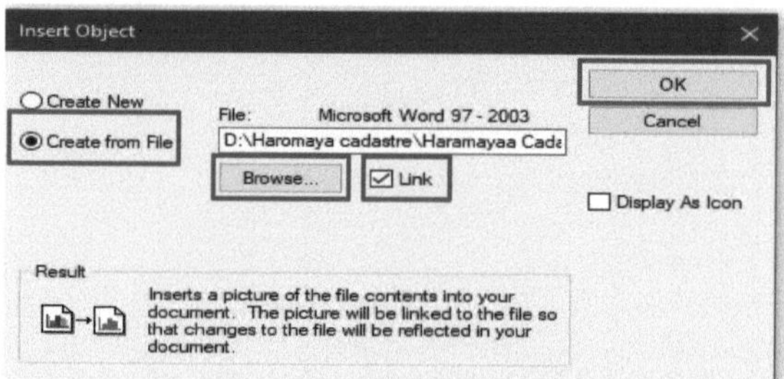

5. Redimensionar o interesse/parcela pesquisada/ de forma a ser claramente visível.

6. Tentar mostrar os limites das parcelas vizinhas com uma etiqueta de "hallow

8.6.3 *Simbolizando a camada de parcelas*

Passos:

1. Clique com o botão direito do rato em Parcel Layer

2. Clique em Propriedades →Simbologia

3. À direita da caixa de diálogo Simbologia, clique no endereço feature□single-value

4. Selecionar parcel_ como **símbolo de preenchimento de linha** □color= **Cinzento 20%** ➔ definir offset=0,00 □set ângulo: **210** ➔

   separação □= 7

5. Clique em OK quando terminar

8.6.4 *Inserção de diferentes elementos do mapa:*

Pode adicionar diferentes tipos de elementos de mapa ao mapa de apresentação utilizando o menu Inserir da barra de menu principal.

8.6.4.1 Flecha Norte

Passos:

1. No menu Inserir, seleccione SETA NORTE

2. Escolha um estilo que lhe agrade e clique em ok.

3. Mova a seta para norte arrastando com o rato quando o ponteiro mudar para uma seta de 4 direcções.

8.6.4.2 Adicionar texto de escala

Passos:

1. No menu Inserir, seleccione texto de escala

2. Seleccione um texto de escala absoluta e clique em OK

3. Arraste o texto da escala e coloque-o na parte inferior da moldura da apresentação.

4. Quando terminar de editar o texto da escala, clique em Aplicar e em OK

8.6.4.3   Adicionar texto

Passos:

1. Ir para inserir no menu principal

2. Clique em Texto

3. Na caixa seguinte, escreva o título como "A".

4. Arrastar e colocar a caixa de título na parte superior do canto da parcela

5. Repetir os passos 1 - 4 para etiquetar os cantos das parcelas (em sentido horário =
   A, B, C...)

8.6.4.4   Adicionar uma Legenda

Passos:

1. No menu Inserir, seleccione a legenda

2. Clique em Seguinte e avance através do assistente.

3. Pode alterar qualquer uma destas propriedades mais tarde, se assim o desejar.

4. Arraste e largue a caixa Legenda no canto inferior direito da moldura do mapa.

8.6.4.5   Adicionar texto dinâmico (sistema de coordenadas)

Passos:

1. No menu Inserir, aponte para o texto dinâmico e seleccione Sistema de
   coordenadas

2. Clique em Seguinte e avance através do assistente.

3. Pode alterar qualquer uma destas propriedades mais tarde, se assim o desejar.

4. Arraste e largue o texto Daynamic no canto inferior esquerdo da moldura do mapa

8.6.5   Guardar e exportar o mapa

8.6.5.1   Guardar o documento de mapa

Se necessitar de modificar os elementos do mapa que estava a inserir para o futuro,
pode guardar o documento ArcMap que criou um layout e reabri-lo mais tarde. Mas
tenha em atenção que a opção Guardar o documento ArcMap apenas guarda os
elementos do mapa e a Simbologia que criou.

Passos:

1. Clique em Guardar como e guarde na sua pasta no menu principal.

8.6.5.2   Exportar documento de mapa

Por fim, será entregue aos proprietários de terrenos um certificado de adjudicação de
terrenos (mapa de cadastro); deverá ter de abrir outros ficheiros para além dos pacotes
SIG. Estes formatos de ficheiro podem ser PDF ou formatos de ficheiro de imagem

como tiff ou JPEJ. Assim, a exportação do mapa ajuda-o a abrir os seus mapas em qualquer computador que não disponha de software SIG. Pode transferir os seus dados para outras pessoas que não possam trabalhar com software SIG. Siga os passos seguintes para exportar os seus mapas.

Passos:

1. No menu principal, clique no ficheiro
2. Em seguida, clique em Exportar
3. Escolha a pasta de destino que pretende guardar os seus mapas
4. Escrever UPIC hachurada como um nome de ficheiro
5. Utilize a seta pendente Guardar como tipo de ficheiro e seleccione Tiff como o formato de ficheiro para exportar o mapa.
6. Pode minimizar ou maximizar a opção de resolução
7. Clique em guardar quando terminar

Guca Bu'aan Qiyaasaa itti beeksifamu

1. Lakk. addaa cittuu lafaa: - *OR063022202008*
2. Maqaa Abbaa Qabiyyee: - *Mana Araddaa 01*
3. Bakka qabiyyichi itti argamu: Ganda *02* Qaxana *09* Ollaa *22* Bilookii *02*
4. Bal'ina iddoo: *98.73* m^2
5. Guyyaa Qiyaasni itti gaggeeffame: - *15/5/2014*
6. Sababa Qiyaasni kun gaggeefameef: - *Mirkaneesa Qabiiyee Lafaa*

Haalaa Teessuma Qabiyyee

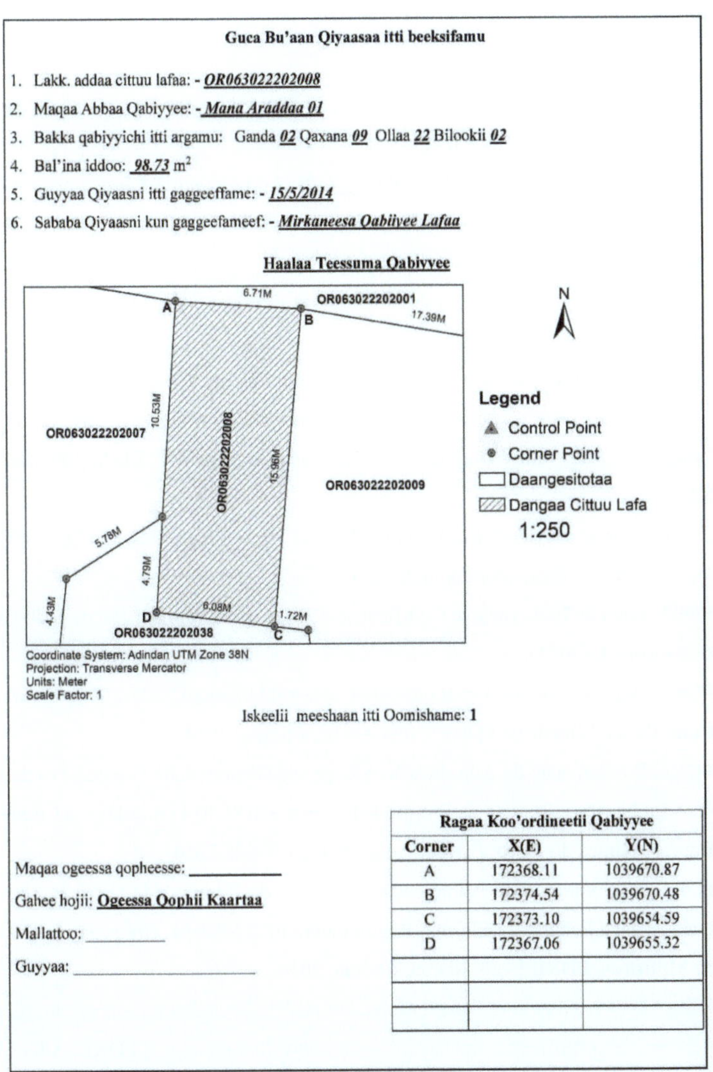

Iskeelii meeshaan itti Oomishame: **1**

Maqaa ogeessa qopheesse: ___________

Gahee hojii: **Ogeessa Qophii Kaartaa**

Mallattoo: _________

Guyyaa: _______________

Ragaa Koo'ordineetii Qabiyyee		
Corner	**X(E)**	**Y(N)**
A	172368.11	1039670.87
B	172374.54	1039670.48
C	172373.10	1039654.59
D	172367.06	1039655.32

✓ **Nota:** Verifique se o seu mapa se parece com a figura acima. Não se preocupe com os estilos, mas observe atentamente o conteúdo do seu mapa e a figura.

Referências

1. Bogaerts, T.; Zevenbergen, J. Cadastral systems-Alternatives. *Comput. Environ. Urban Syst.* 2001, *25*, 325-337.

2. Chekole, S.D.; de Vries, W.T.; Shibeshi, G.B. An Evaluation Framework for Urban Cadastral System Policy in Ethiopia [Quadro de avaliação da política do sistema cadastral urbano na Etiópia]. *Land* 2020, *9*, 60.

3. *Constituição da República Federal Democrática da Etiópia*; FDRE: Adis Abeba, Etiópia, 1995.

4. Dale, P.; McLaren, R. GIS in land administration. Em *Geographical Information Systems: Principles, Techniques, Management and Applications*, Abridged Edition; Longey, P., Ed.; John Wiley & Sons, Inc.: Nova Iorque, NY, EUA, 2005; pp. 859-875.

5. ESRI. *Recursos do ArcGIS*. Ajuda do ArcGIS 10.3. Recuperado em 2022-03 08 de http://resources.arcgis.com/en/help/.(2013)

6. FDRE. Guia de Elaboração e Codificação de Mapas de Adjudicação de Solo Urbano *(Versão 1.1)*, (2021).

7. FDRE. Regulamento de Levantamento Cadastral Urbano n.º 323/2014, emitido pelo Conselho de Ministros; FDRE: Adis Abeba, Etiópia, 2014.

8. FDRE. Proclamação de Adjudicação e Registo de Propriedade Urbana; Proclamação de Adjudicação e Registo de Propriedade Urbana 818/2014 emitida pela Câmara dos Representantes do Povo; FDRE: Adis Abeba, Etiópia, 2014.

9. FDRE. Regulamento de Adjudicação e Registo de Propriedade Urbana; República Democrática Federal da Etiópia, Regulamento n.º 324/2014, emitido pelo Conselho de Ministros; FDRE: Adis Abeba, Etiópia, 2014.

10. *Plano de Crescimento e Transformação II (GTP II): Agência Federal de Registo e Informação sobre Terrenos Urbanos e Terrenos Relacionados*; FDRE: Adis Abeba, Etiópia, 2015.

11. Kocur-Bera, K. Compatibilidade de dados entre o cadastro predial (LBC) e o sistema de identificação de parcelas (LPIS) no contexto dos pagamentos por superfície: Um estudo de caso na região polaca de Warmia e Mazury. *Política de utilização dos solos* 2019, *80*, 370-379.

12. Larsson, G. *Land Registration and Cadastral Systems. Tools for Land Information and Management*; Longman Scientific & Technical: Harlow, UK, 1991; ISBN 0582089522.

13. MoUDH. Plano de Crescimento e Transformação II. Uma estratégia concebida para 5 anos (2008-2012 E.C) pela Agência Federal de Registo e Informação sobre Terrenos Urbanos e Propriedades Relacionadas com Terrenos; Ministério do Desenvolvimento Urbano, Habitação e Construção da República Federal da Etiópia: Addis Abeba, Etiópia, 2016.

14. *Plano Estratégico de 2020-2025 para o Ministério do Desenvolvimento Urbano e da Construção*; Ministério do Desenvolvimento Urbano e da Construção: Addis Abeba, Etiópia, 2020.

15. Tadesse, D. Reflections on the situation of urban cadaster in Ethiopia (Reflexões sobre a situação do cadastro urbano na Etiópia). In Actas do Fórum de Ação da Administração Local Africana (ALGAF) Fase VI, Adis Abeba, Etiópia, 7 de abril de 2006.

16. UNECE. *Directrizes para a administração fundiária. With Special Reference to Countries in Transition*; Nações Unidas: Nova Iorque, NY, EUA, 1996; ISBN 92-1-116644-6.

17. *Proclamação da propriedade de arrendamento de terrenos urbanos*; Proclamação n.º 721/2011; Negarit Gazetta; República Federal Democrática da Etiópia: Adis Abeba, Etiópia, 2011.

18. Williamson, I.P. Cadasters and Land Information Systems in Common Law Jurisdictions. *Surv. Rev.* 1985, *28*, 186-195.

19. Woldu, G. *Manual prático de SIG utilizando o ArcGIS 10,* (2015)

More
Books!

info@omniscriptum.com
www.omniscriptum.com
OMNIScriptum